气候变化背景下鄱阳湖流域
干旱时空演变及其预估

刘卫林　朱圣男　莫崇勋　著

科学出版社

北京

内 容 简 介

随着全球进一步变暖，干旱、洪涝等极端气候水文事件的发生频率及其影响范围呈现增加态势，以揭示极端水灾害与气象灾害发生规律与机理为目的的全球变化研究已成为当今重大科学前沿之一。本书以鄱阳湖流域为研究对象，应用统计学、GIS 及多模式集合评估等技术方法，深入研究鄱阳湖流域干旱演变规律，揭示鄱阳湖流域干旱对气候变化的响应机理。利用流域实测气象数据，采用统计学方法研究了干旱时空分布特征，并探讨了 ENSO、北大西洋涛动、太平洋涛动等气候相关指标与鄱阳湖流域干旱的关系，揭示其对干旱变化的影响机制；采用 CMIP5 多模式集合方法，评估干旱对未来气候变化的响应，揭示气候变化对鄱阳湖流域未来干旱的长期影响。研究成果可为变化环境下鄱阳湖流域的防旱抗旱提供科学依据。

本书可作为高等院校水文与水资源及相关专业高年级大学生、研究生的教学参考书，也可供从事水文与水资源、气象等相关专业的研究者参考。

图书在版编目（CIP）数据

气候变化背景下鄱阳湖流域干旱时空演变及其预估／刘卫林，朱圣男，莫崇勋著. —北京：科学出版社，2022.11
ISBN 978-7-03-073743-4

Ⅰ. ①气… Ⅱ. ①刘… ②莫… ③朱… Ⅲ. ①鄱阳湖–流域–干旱–气候变化②鄱阳湖–流域–干旱–气候预测 Ⅳ. ①P426.615

中国版本图书馆 CIP 数据核字（2022）第 208700 号

责任编辑：韦 沁／责任校对：邹慧卿
责任印制：吴兆东／封面设计：北京图阅盛世

科 学 出 版 社 出版
北京东黄城根北街 16 号
邮政编码：100717
http://www.sciencep.com
北京中科印刷有限公司 印刷
科学出版社发行 各地新华书店经销
*
2022 年 11 月第 一 版 开本：787×1092 1/16
2023 年 4 月第二次印刷 印张：8 1/2
字数：202 000
定价：108.00 元
（如有印装质量问题，我社负责调换）

前　言

干旱是人类面临的主要自然灾害之一，是全球最常见的极端气候事件。根据政府间气候变化委员会第五次评估报告和 2012 年出版的联合国政府间气候变化专门委员会（Intergovernmental Panel on Climate Change，IPCC）"管理极端事件和灾害风险、推进气候变化适应特别报告"的研究结果，未来随着全球进一步变暖，一些极端气候事件的发生频率和强度将会增加，尤其是干旱和洪涝极端气候事件。在我国，近几十年来随着全球气候变暖的不断加剧，以及社会经济的快速发展对水资源需求的不断加大，干旱事件的出现频率和影响范围呈现增加的态势，不但给经济发展，特别是农业生产等带来巨大的损失，还会造成水资源短缺、荒漠化加剧、沙尘暴频发等诸多不利的生态影响。特别是近年来，各地频发的干旱灾害更是造成了巨大的经济社会损失。例如，2009 年华北、黄淮、西北及江淮地区的春旱，2010 年西南五省（自治区）冬春大旱及华北、东北地区的秋旱，严重制约了国民经济的发展。随着气候变化影响的加强，干旱事件在全球范围内呈现出广发和频发的态势，且时间节律和空间分布特征发生了显著变化。如何科学应对变化环境下的干旱问题，探求减缓和适应对策，已引起政府部门、社会公众和科研人员的广泛关注，成为全球面对的共同课题。而其中，以极端水灾害与气象灾害发生规律与机理为重大科学问题的全球变化研究已成为当今重大科学前沿之一。

鄱阳湖流域地处我国南方，位于亚热带湿润季风气候区内，是我国多雨地区之一，但受东亚季风影响，降水的季节变化和年际变化均较大。自 20 世纪 90 年代以来，鄱阳湖流域干旱事件发生的频率不断增加。统计数据显示，1992～1993 年、1996～1997 年该流域经历了罕见的干旱。进入 21 世纪，特别是近年来，随着全球气候变化，极端天气事件更是频繁发生，流域的干旱程度不断加剧，严重地影响当地居民的生产生活及生态安全，受到包括 Science 在内的国内外期刊的广泛关注。闵骞等研究了鄱阳湖区近 1000a 来干旱的气候演变特征，表明鄱阳湖区当前正值干旱频发时期，在此背景之下，未来十几年的抗旱形势依然十分严峻。干旱是造成粮食损失的最主要自然灾害之一，粮食安全问题始终是关系国家安全、社会稳定的重大战略问题，作为全国九大商品粮基地之一的鄱阳湖平原，干旱减小其粮食产量将直接影响到国家的粮食安全。因此，鉴于鄱阳湖对于长江防洪以及长江流域湿地生态保护等的特殊作用，在全球变暖背景下，深入研究鄱阳湖流域干旱时空演变特征与其对气候变化的响应，揭示干旱时空特征变化规律及其影响机制，预估未来的干旱变化，对于科学地制定应对干旱的调控策略、保障区域经济社会可持续发展有着重要的科学意义。

本书以鄱阳湖流域气象干旱为研究对象，基于标准化降水蒸散指数（standardized precipitation evapotranspiration index，SPEI），应用统计学、GIS 及多模式集合评估等技术方法，深入研究鄱阳湖流域干旱演变规律，揭示鄱阳湖流域干旱对气候变化的响应机理。利用鄱阳湖流域降水、气温等气象资料，采用标准化降水指数（standard precipitation index，

SPI）和历史旱情资料验证 SPEI 在该流域的适用性；运用 Mann-Kendall（M-K）检验、小波分析等方法，分析了 1961～2018 年鄱阳湖流域气温、降水的时空变化特征，年际和四季干旱指数、干旱频率、干旱站次比和干旱强度时空变化特征；探究了干旱对鄱阳湖流域农业生产的影响，并结合大气环流变化、厄尔尼诺－南方涛动（El Niño-southern oscillation，ENSO）事件和人类活动进行了鄱阳湖流域干旱成因分析；采用耦合模式比较计划第五阶段（Coupled Model Intercomparison Project Phase 5，CMIP5）的多模式集合方法，预估 RCP2.6、RCP4.5 和 RCP8.5 排放情景下 2019～2100 年的干旱变化，揭示气候变化对鄱阳湖流域未来干旱的长期影响。

本书由刘卫林、朱圣男和莫崇勋共同撰写完成。其中，莫崇勋负责第 1 章，刘卫林负责第 3、5、7 章，朱圣男负责第 2、6 六章，刘卫林和朱圣男共同负责第 4 章。全书由刘卫林统稿，朱圣男、何昊、吴滨、黄一鹏共同完成了书稿的图文编排工作。

本书在撰写过程中，参阅和借鉴了国内外相关文献，在此谨向文献作者表示诚挚的谢意。另外，本书的出版得到了国家自然科学基金项目"气候变化对干旱期水资源短缺风险的影响研究"（编号：51309130）、江西省水工程安全与资源高效利用工程研究中心开放基金课题"气候变化对鄱阳湖流域干旱演变特征的影响分析"（编号：OF201610）的资助，在此对国家自然科学基金委员会、江西省水工程安全与资源高效利用工程研究中心给予的支持一并表示感谢！

干旱是一项涉及内容广泛且复杂的研究课题，本书只是针对鄱阳湖流域气象干旱相关问题进行了一些探索性研究工作，由于作者水平有限，不少问题尚需做进一步的研究和探讨，不足之处在所难免，敬请同行专家和读者予以批评指正。

作　者

2019 年 12 月于南昌瑶湖

目　录

第 1 章 绪 论

1.1 研究背景及意义

1.1.1 研究背景

气候环境是人类赖以生存的重要资源，全球气候变化已经成为当代社会面临的主要环境问题，并受到世界各国政府、科研人员以及公众的广泛关注。根据联合国政府间气候变化专门委员会（IPCC）第五次评估报告（Fifth Assessment Report, AR5），从 1880 年到 2012 年，全球平均气温已升高 0.85℃（0.65~1.06℃）[1]。全球变暖引起的极端气候事件会破坏水分平衡[2]，并降低陆地系统的净初级生产力[3]，陆地系统在全球范围内发挥着重要的角色，并在全球范围内提供重要的生态系统产品和服务[4]。2018 年《中国气候变化监测公报》显示，平均气温以 0.24℃/10a 的速率在 1951~2017 年显著上升，由于气候变暖的影响，高温暴雨、干旱等各种极端天气事件发生的频率越来越高。

干旱是在降水不足或者较长时间水资源可利用量不足的情况下出现的水分收支不平衡的一种气候现象，它是世界上最常见、最严重的自然灾害之一，对生态环境与人类社会发展产生了诸多不良影响[5]。相比于其他自然灾害而言，它具有发生频率高、影响范围广、持续时间久等特点。干旱的演变过程受到降水、气温、蒸发以及大气环流等多种自然环境条件的影响。由干旱自然现象引起的旱灾是对人类和自然社会造成的最具破坏性的自然灾害之一，干旱造成的经济损失远超过其他灾害造成的损失，每年高达 60 亿~80 亿美元[6]。作为全球最为常见、世界上代价最大的自然灾害，旱灾对人类造成的影响远远大于其他自然灾害[7]。

中国是世界上旱灾最频繁、最严重的国家之一。根据 2017 年《中国水旱灾害公报》[8]可知，1950~2017 年平均每年因旱受灾面积为 2050.217 万 hm²，成灾面积为 919.682 万 hm²，绝收面积为 233.958 万 hm²，直接经济损失为 882.31 亿元，其中 2000 年以来年平均粮食损失为 20 世纪 50 年代的七倍。干旱不仅对农业的生产带来直接危害，还对生态环境造成恶劣影响，从而导致其他自然灾害的发生。因而，研究干旱，对旱灾预防、减轻旱灾损失以及经济可持续发展都具有重大的意义。

1.1.2 研究意义

干旱是全球最常见的极端气候事件，根据 IPCC 第五次评估报告[9]和 2012 年出版的"管理极端事件和灾害风险、推进气候变化适应特别报告"[10]的研究结果，未来随着全球进一步变暖，一些极端气候事件发生的频率和强度将会加强，尤其是干旱和洪涝极端气候事件。在我国，近年来随着全球气候变暖的不断加剧，社会经济的快速发展对水资源需求的不断加大，干旱事件的出现频率和影响范围呈增加态势，给经济发展，特别是农业生产等带来巨大的损失，还会造成水资源短缺、荒漠化加剧、沙尘暴频发等诸多不利的生态影响[11]，严重制约了国民经济的发展[12]。随着气候变化影响的加强，干旱事件在全球范围内呈现出广发和频发的态势，且时间节律和空间分布特征也发生了显著变化[13,14]。如何科学应对变化环境（气候变化和人类活动）下的干旱问题，探求减缓和适应对策，成为全球面对的共同课题。而以极端水灾害与气象灾害发生规律与机理为重大科学问题的全球变化研究已成为当今重大科学前沿之一。

鄱阳湖流域地处我国南方，位于亚热带湿润季风气候区内，是我国多雨地区之一，但受东亚季风影响，降水的季节变化和年际变化均较大。自20世纪90年代以来，鄱阳湖流域干旱事件发生的频率不断增加。1992~1993年、1996~1997年该流域经历了罕见的干旱。进入21世纪，特别是近年来，随着全球气候变化，极端天气事件更是频繁发生，流域的干旱程度不断加剧，严重地影响当地居民的生产生活及生态安全，受到包括 Science 在内的期刊的广泛关注[15]。闵骞等研究了鄱阳湖区近1000年来干旱的气候演变特征，表明鄱阳湖区当前正值干旱频发时期，在此背景之下，未来十几年的抗旱形势依然十分严峻[16]。

干旱是造成粮食损失的最主要自然灾害之一，粮食安全问题始终是关系国家安全、社会稳定的重大战略问题，作为全国九大商品粮基地之一的鄱阳湖平原，干旱减小其粮食产量将直接影响到国家的粮食安全问题。鉴于鄱阳湖对于长江防洪以及长江流域湿地生态保护等的特殊作用，在全球变暖背景下，本书选用鄱阳湖流域为研究区域，分别对其区域内的气温、降水、大气环流因子以及人类活动的时空变化特征进行分析，量化研究干旱特征的主要气象要素，利用基于标准化降水蒸散指数（standardized precipitation evapotranspiration index，SPEI）分析1961~2018年58年的鄱阳湖流域干旱时空分布规律及其影响因素，并评估未来时期（2019~2100年）的干旱变化的影响，探索气候变化背景下的鄱阳湖流域干旱状况的时空演变特征，揭示鄱阳湖流域旱灾的成因机制，对于科学地制定提高水资源利用效率的对策、应对干旱的调控策略，以及保障区域经济社会可持续发展有着重要的科学意义。

1.2 国内外研究进展

1.2.1 气候变化研究进展

1. 气候变化相关概念

气候变化即"经过相当一段时间的观察，在自然气候变化之外由人类活动直接或间接地改变全球大气组成所导致的气候改变"[17]。一般而言，气候变化是指气候在较长时间段内（10年或更长）的趋势性变化，并且通常是从时间和空间尺度这两方面来研究气候变化的趋势，包括年代际变化、年际变化和季节变化[18]，相关研究主要集中在气温和降水等平均态要素的变化[19,20]。然而，有研究表明，以全球变暖为主的气候变化增加了极端气候事件和气象灾害（如热浪、干旱和极端降水等）的频率和强度。因其造成的影响极大，从而研究热点逐渐向极端气候和气象灾害等事件转移[21,22]。此外，在气候预估方面也取得了一定进展。

气候模式是研究气候变化趋势预估的主要工具，通常要依赖模式的模拟[23,24]。根据空间范围可分为全球气候模式（global climate models，GCMs）和区域气候模式（regional climate model，RCM）。其中，全球气候模式是预估气候变化趋势的不可或缺的方法，对于宏观的、大范围的气候态和气候变率具有较强的模拟能力，但由于该模式分辨率较低，模拟区域气候特征存在局限性。因此，可通过降尺度（downscaling）方法将该模式输出的数据从低分辨率和长时间间隔转向高分辨率和短时间间隔[25,26]。海–气耦合模式是目前预测气候变化的主要工具，即大气和海洋均有其独立的控制方程组，但它们又是通过界面上的交换过程耦合在一起，而对于陆面、冰雪等其他子系统，是以相对简单的形式给出的[27]。2008 年，新一代的 CMIP5 计划正式启动，该试验的全球气候模式均为"大气–陆面–海洋–海冰"耦合的气候系统，包括全球 20 余个模式组 50 多个模式[28]，为预测近期和长期的气候变化提供了依据[29]。然而，由于气候变化的不确定性和复杂性，如要做到更准确的预测，需构建不同的气候情景，即对气候变化可能出现的未来状态的时间、空间上的描述，是气候模拟和评估气候变化影响的基础[30]。在 2014 年发布的 IPCC 第五次评估报告（AR5）中，研究人员采用了新的情景：典型浓度路径（representative concentration pathways，RCPs）。RCPs 估计了未来 100 年甚至更长时间的温室气体浓度，并换算成增加的辐射强迫；共包含四个排放情景，分别为 RCP2.6、RCP4.5、RCP6.0 和 RCP8.5，分别描述了温室气体浓度不同情况下的变化曲线，对应不同的辐射强迫增加[31]。

2. 气候变化研究进展

由温室效应加剧而导致的气温上升是气候变化的显著特征之一，但气候变化不仅包括气温变化，还包括因气候变异而导致的极端气候事件。因此，IPCC 称：全球正在经历以气温上升或气温、降水时空变异加剧为主的气候变化[31]。至此，可以把气候变化相关的研究总结为：①气候变化趋势，包括历史气候变化和未来气候变化的预估；②气候变化影响，包括对自然、社会和经济的影响。

一是气候变化趋势的研究，以气温和降水作为最基本气候要素，众多学者对其过去及未来的变化特征进行了研究，常用倾向率、距平、累积距平和突变检测方法表征气候要素过去的变化特征[32,33]。韩翠华等[34]通过正交旋转因子和距平序列分析得出，在 1951～2010 年间中国各区域气温均呈上升的趋势。在过去的 100 年里，20 世纪 40 年代和 80 年代中期以后的气温相对较高，属于偏暖期；而 20 世纪五六十年代气温相对较低，属于偏冷期[35]。从四季气温的角度来看，变化特征存在很大差异，其中冬季的增温最明显，对气候变暖的贡献最大[36]。研究表明，在 1957～2013 年间中国降水量未出现显著的变化特征，但具有较大的空间差异性，东北、华北和西南地区降水有减少现象，长江中下游、东南沿海和西北地区则有所增加。20 世纪 50 年代为 20 世纪以来降水最多的 10 年，自 80 年代来多雨带由华北逐渐转移到了长江中下游地区。从四季降水来看，夏季降水呈"南增北减"

格局，即北方地区有暖干化趋势[37]。

综上所述，准确预估气候要素的未来变化趋势具有重要的实际意义。基于气候资料的趋势分析，如线性倾向率以及气候模式模拟方法已是研究未来气候变化趋势的主要方法。未来气温将持续变暖，我国西部和北方降水将持续增加，而在东北和长江中下游地区干旱有所增加[38]。

二是气候变化影响的研究，气候变化可引起一系列问题，如海平面上升、冰川融化、粮食减产、生物多样性减少、极端气候事件（干旱、洪涝等）频发以及灾害加剧等。我国北方出现降水减少、气温上升、蒸发量增加，引起水资源短缺，使得干旱加剧，且夏季干旱最为严重[39]。

1.2.2　干旱指标研究进展

干旱指数是研究干旱的基础，同时也是衡量干旱程度的重要标准。对于干旱的研究，合适的指标选取是非常重要的，否则就不能准确地描述干旱的情况，还有可能增加一些非干旱因素。气象干旱指标是指利用气象要素，根据一定的计算方法获得指标，并且用于监测和评价某区域、某时段内因气候异常而引起的水分亏欠程度。到目前为止，由于国内外缺乏统一的干旱定义，对于干旱指标的研究仍在开发和补充阶段。随着人们对干旱的认识不断加深，人们对干旱指标的研究也进入了快速发展的时期。干旱的发生不仅限于干旱和极度干旱地区，在许多其他生态系统中也可以观察到[40]，全球许多地区都受到干旱的袭击。在过去的一个世纪里，学术论文、论著中的干旱指标有很多，大多由 Heim[41] 和 Smakhtin[42] 提及并讨论。研究表明，全球陆地普遍存在的干旱化趋势[43]给社会经济已造成巨大的损失。干旱具有影响范围广、发生频率高、持续时间长的特点，其中，中国北方的干旱情况更加严重[44]。一些学者认为，干旱指数的选择对不同干旱事件的评价需要遵循普适性、实用性、易理解性、理论性和时效性[45]。

干旱通常划分为四类：气象干旱、农业干旱、水文干旱和社会经济干旱[46]。气象干旱指标作为农业、水文和社会经济干旱指标研究基础，其种类较多[47]。目前，气象气候研究中被广泛接受的干旱指数有标准化降水蒸散指数（SPEI）[47]、Palmer 干旱指数（Palmer drought severity index，PDSI）[48]、相对湿润度指数（M）[42]、标准化降水指数（standard precipitation index，SPI）[49]、Z 指数[50]、区域旱涝指数[51]、有效干旱指数（effective drought index，EDI）[52]等。常用的气象干旱指数如表1.1所示。

表1.1　常用的气象干旱指数

名称	提出年份	特征	参考资料
标准化降水蒸散指数（SPEI）	2010	同时考虑了降水和蒸散发	Vicente-Serrano 等
标准化降水指数（SPI）	1993	反映不同时间尺度的降水演变，也用来探究多时间尺度的水资源演变特征	Mc Kee 等

名称	提出年份	特征	参考资料
Palmer 干旱指数（PDSI）	1965	忽略了作物需水、积雪融水和地下水等因素，且没有将人类活动在干旱发生、发展等过程中的作用考虑在内	Palmer W. C.
降水距平百分率（P）	1965	仅以降水量作为输入要素，没有考虑蒸散发、土壤、植被等要素对干旱的影响[53]	Van Rooy M. P.
相对湿润度指数（M）	1977	通过水分供需的匮缺来划分干旱等级	Hanson 等[54]
Z 指数	2001	在反应水分盈亏上表现较好，但缺乏考虑下垫面的差异性和人类活动在干旱中的作用[55]	Wu 等
气象干旱指数	2009	结合 Palmer 干旱指数与标准化降水指数，通过分位数划分干旱等级	闫桂霞等[56]
综合气象干旱指数（CI）	2006	以标准化降水指数、湿润度指数为基础设计，同时考虑了降水和蒸发能力因子，与单纯利用降水量估算的干旱指数相比有较大的优越性	张强等[57]
降水异常的百分比（Pa）	2008	表征干湿特征的物理量，目前在我国《干旱灾害数据集》中采用该指数作为指标	AQSIQ[58]
正负距平指标	1989	缺乏对降水年内变化的考虑，而且多年降水量并不能充分反映区域的干旱程度	刘昌明[59] 和魏忠义
Bhalme-Mooley 干旱指数（Bhalme and Mooley drought index，BMDI）	1980	能较好的反映实际旱情，但缺乏对其他要素的考虑	Bhalme 和 Mooley[60]
Decile 指标	1967	易于操作，但是要求降水量数据时间尺度较长，而且要有较强的一致性	Gibbs 和 Maher[61]
Blumenstock 指数	1942	较适用于短期干旱研究，适用性较差[62]	Blumenstock

Vicente-Serrano 等在 SPI 的基础上，考虑了潜在蒸散量的作用，基于降水和潜在蒸散两个变量，构建了标准化降水蒸散指数（SPEI）。标准化降水蒸散指数（SPEI）是对降水量与潜在蒸散量差值序列的累积概率值进行正态标准化后的指数。SPEI 结合了 SPI 和 PDSI 的优点，考虑到蒸发对干旱的影响。它对温度的变化比较敏感，具备 SPI 计算便捷的优势，适用于多尺度和多空间的比较，能够更灵敏地反映出气候变暖背景下的干旱新特征[63]，而且 SPEI 在中国也具有比较好的适用性[64]。

1.2.3 干旱特征和预估研究进展

1. 气象干旱特征研究进展

国内外许多专家学者采用不同方法对全球各地气象干旱的演变特征以及规律进行了研究。Oladipo[65] 分析了三种干旱指数在美国内布拉斯加州的适用性，结果表明三种指数在该区域具有相似的特征。Hayes 等[66] 利用标准化降水指数（SPI）对美国南部平原和西南部 1996 年干旱进行了研究，结果表明 SPI 在美国干旱研究中具有很好的适用性，至少提前 1 个月能监测到干旱的发生。Potop 等[67]利用标准化降水蒸散指数 (SPEI) 研究了捷克 1961~2010 年作物生长季节 (4~9 月) 的干旱演变特征，并利用经验正交函数 (emprical othogonal function，EOF) 分析确定了生长季节 SPEI 的主要变异模式。Páscoa 等利用 SPEI 与 SPI 研究了伊比利亚半岛 1901~2012 年的干旱演变规律[68]。

在对中国干旱特征研究过程当中，由于干旱形成过程的复杂性以及不同学者采用的数据以及方法不同，得出了不同的结果。Chen 和 Sun[69]采用 SPEI 对中国 1961~2012 年的干旱变化特征进行了研究，认为 20 世纪 80 年代以前和 21 世纪初旱灾最为频繁、严重，从 20 世纪 90 年代后期，全国旱灾频发和严重程度加大。Wang 等[70]基于中国 633 个气象站点的资料，利用 SPEI 与 SPI 研究了中国 1961~2012 年的干旱程度变化特征，结果表明中国在过去的 52 年里干旱严重程度无明显变化。

刘元波等[71]运用流域降水、地表蒸散和出湖径流等数据，从流域水量收支平衡的角度，较为系统地分析了近 10 年导致鄱阳湖区极端干旱事件频发的原因。郭华等[72]揭示了鄱阳湖流域水文变化特征的成因及干旱和洪涝发生的规律。王怀清等[73]对 1160 年至 20 世纪 50 年代鄱阳湖流域旱涝频次序列进行了变化周期及趋势预测。闵屾等利用鄱阳湖流域 127 个站点 1960~2007 年逐日降水和温度资料，选用 Z 指数对鄱阳湖流域的气象干旱进行分析。洪兴骏等[74]以标准化降水指数 (SPI) 为工具，利用鄱阳湖流域内 13 个气象站共 50 年的逐月降水量和五个水位站共 50 年的逐日水位数据，分析了鄱阳湖流域干旱的时空演变特征及其与湖水位相关程度。唐国华和胡振鹏[75]以我国历史气候变化的事实与过程重建的成果为基础，以历史文献为依据，分析了两宋以来鄱阳湖流域气候变化与洪水干旱灾害发生的关系。

2. 干旱预估特征研究进展

随着科学技术的不断进步，气候模式分辨率得到进一步提高，在参加耦合模式比较计划第五阶段 (CMIP5) 的模式中，尤其是降水的模拟能力方面进行全面、系统的评估，不仅可以为模式改进提供科学依据，还可以为气候模式在多部门、多领域的应用提供建议和参考。由于 GCM 模型在区域降水和气温变化的预测存在许多的差异性和不确定性，而且干旱指标的侧重因素不同，不同指标评估的干旱变化存在一定的差异，甚至存在矛盾点[76]，因此，预测和评估未来气候情景下干旱的变化趋势仍存在诸多的不确定性因素。近年来，CMIP5 数据集已被广泛用于未来情景的预估，以及气温、降水、径流等模拟能力的评估。例如，使用 CMIP5 模式结果对表征干旱状况的 PDSI 进行预估，发现中国北方由于增温而带来的干旱将减缓，而西南地区由于降水减少而干旱加剧[77]。研究 CMIP5 中七个海-气耦合模式的模拟能力发现多模式集合的模拟能力优于单模型系统的模拟结果[78]。通过对气候模式对中国 1961~2000 年干旱变化模拟的能力进行评估，得出结论：区域平均模拟值与观测值是较为符合的，干旱程度有所不同；对于 2011~2050 年中国干旱的预估情况：全国表现出持续干旱化的趋势，并以极度干旱事件增加为主[79]。对世界的典型干旱和半干旱地区的气候变化进行模拟与预估，大多数模式都对时空分布特征模拟较好，未来降水情景基本是"干愈干、湿愈湿"的时空特征[80]。因此，本书利用 CMIP5 的全球气候模式的降水、气温模拟研究，结合观测到的数据，对全球气候模式对鄱阳湖流域干旱变化的模拟能力进行评估，为预估未来干旱变化的趋势提供参考依据。

1.2.4 干旱成因研究进展

厄尔尼诺（El Niño）与南方涛动（southern oscillation）统称为 ENSO 事件，是大气与热带海洋的异常现象[81,82]。其中厄尔尼诺事件指赤道中东太平洋附近海表温度异常持续升高的现象，与之相反的事件称为拉尼娜（La Niña）事件；南方涛动指热带东太平洋与印度洋气压场相反变化的现象。目前，ENSO 事件是能够观察到的大气与海洋互相耦合最强的信号之一，它的发生不但会给热带太平洋地区的气候产生直接影响，而且还会对其以外的地区甚至全球的降水、气温等要素产生重要影响[83]。

关于中国不同区域气象干旱的成因，目前已经有了较多的研究结果。周丹等[84]研究了陕西省的干旱成因，结果表明降水是影响干旱的主要因素，该区域在拉尼娜与厄尔尼诺事件中都会发生干旱，但在厄尔尼诺事件中出现干旱的概率比拉尼娜事件大。佟斯琴[85]用 SPEI 研究了大气环流对内蒙古地区气象干旱的影响，结果表明，太平洋年代际震荡（Pacific decadal oscillation，PDO）指数与 SPEI 存在正相关关系。张丽艳等[86]利用标准化降水蒸散指数与小波分析法研究 ENSO 事件对京津冀地区干旱的影响，结果表明，厄尔尼诺事件对该区域的气象干旱具有重要的影响。徐泽华和韩美[87]采用标准化降水蒸散指数与交叉小波分析法研究了 ENSO 事件对山东省干旱的影响，结果表明在发生厄尔尼诺事件时，山东容易发生干旱；发生拉尼娜事件时，山东干旱减少。

综上所述，气候变化对干旱的影响研究在国内外都还不成熟，有很多关键科学问题尚待解决。现有对干旱的研究侧重于对过去干旱的时空分布特征研究，针对全球气候变化对干旱的影响研究相对较少；目前的大多数预估结果都是基于排放情景特别报告（special report on emissions scenarios，SRES），基于 RCPs 情景的区域气候变化趋势研究目前还相对较少，特别是应用 RCPs 情景进行未来干旱分析还不多见。虽然国内外学者对鄱阳湖流域的气象、水文等方面做了大量研究，但过去的研究主要集中于鄱阳湖流域历史径流、蒸发、降水等水文气象要素的时空分布特征以及鄱阳湖区的干旱特征研究，针对鄱阳湖流域干旱研究相对较少；在现有对鄱阳湖流域干旱研究中多采用 SPI、Z 指数等干旱指数进行分析，然而上述指标在检测和监测全球变暖背景下干旱的变化特征方面存在不足；另外，气象干旱是其他各类干旱发生的根本原因，只有探明了气象干旱的发生规律、成因和灾变机制，才能进一步研究其他类型的干旱，继而有效监测和预警各类干旱。现有的研究大多对鄱阳湖流域干旱的历史趋势进行简单分析，较少涉及鄱阳湖流域干旱成因分析，也没有对未来气候变化情景下鄱阳湖流域干旱变化趋势进行研究，没有解答在未来气候变化情景下，鄱阳湖流域干旱发生的频率、强度等将会如何变化。因此，在气候变化背景下，进行鄱阳湖流域干旱研究，目前总体研究成果还非常薄弱，有待进一步加强。

1.3　研究目标、内容和技术路线

1.3.1　研究目标与内容

1.3.1.1　研究目标

通过分析鄱阳湖流域气温、降水年和季节变化情况，刻画并分析鄱阳湖流域年和四季干旱时空变化趋势及影响因素；建立气候模式数据多模式集合模型，预估RCP2.6、RCP4.5 和 RCP8.5 温室气体排放情景下鄱阳湖流域 2019～2100 年干旱时空变化、干旱频率、干旱强度和干旱历时等，研究气候变化背景下鄱阳湖流域气象干旱的时空变化。

1.3.1.2　研究内容

根据国家气象信息中心中国气象数据共享平台提供的鄱阳湖流域及周边 38 个气象站点的 1961～2018 年气象、降水等日值数据，分析 1961～2018 年鄱阳湖流域气温、降水时空变化特征；基于历史实测的干旱事件优选出的 SPEI 分析 1961～2018 年鄱阳湖流域不同时间尺度下的干旱指数、干旱频率、干旱站次比和干旱强度时空变化情况；探究干旱对鄱阳湖流域农业生产的影响，并结合大气环流变化、ENSO 事件和人类活动进行鄱阳湖流域干旱成因分析；利用 CMIP5 数据，通过多模式集合预估不同典型浓度下鄱阳湖流域 2019～2100 年的干旱时空变化。

1.3.1.3　章节安排

第 1 章主要介绍研究背景和意义，研究目标、研究内容、技术路线和创新点。第 2 章主要介绍鄱阳湖流域概况、研究所需数据来源与处理、主要的研究方法等。第 3 章基于气象数据分析鄱阳湖流域 1961～2018 年气温、降水时空变化特征，计算两种不同的干旱指数——SPI 和 SPEI，并结合鄱阳湖流域历史实测干旱事件，优选出适合鄱阳湖流域的干旱指数。第 4 章分析了鄱阳湖流域 1961～2018 年和四季的 SPEI 时空变化特征，并分析了干旱频率、干旱站次比和干旱强度的时空变化特征；结合 1978～2016 年江西省农作物受灾面积、成灾面积和绝收面积与干旱指数的相关性分析干旱对鄱阳湖流域农业生产的影响。第 5 章利用六个全球气候模式的气温和降水月资料，通过双线性插值到鄱阳湖流域气象站点上，将历史模拟数据与历史观测站点数据进行偏差校正，并通过多模式集合研究 2019～2100 年 RCP2.6、RCP4.5 和 RCP8.5 三种排放情景下鄱阳湖流域气温、降水的变化情况；通过计算不同时间尺度 SPEI，分析三种排放情景下的流域干旱时空变化特征。第 6 章从地理环境特征、大气环流变化和人类活动三个方面来分析鄱阳湖流域气象干旱的成因。其中大气环流因子变化主要包括大气环流因子和 ENSO 事件的影响，人类活动主要包括 1980 年和 2015 年的土地利用变化对干旱的影响。第 7 章主要为本书结论，并提出不足和展望。

图 1.1 展示了每一章节之间的关系。

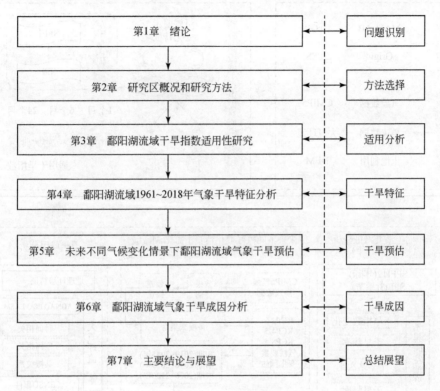

图 1.1 章节关系图

1.3.2 技术路线

围绕研究目标和主要研究内容，本书的研究技术路线如图 1.2 所示。

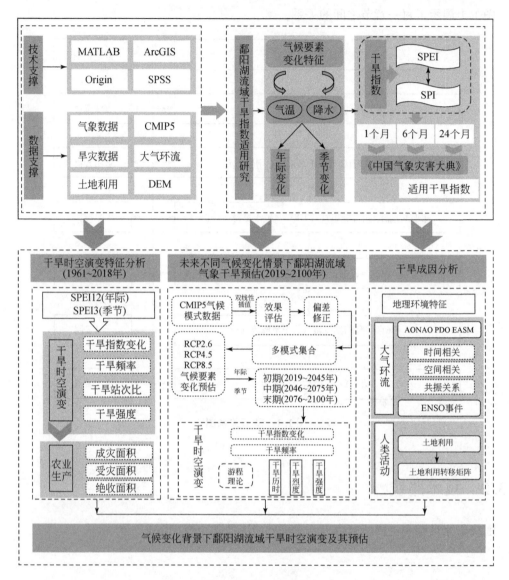

图 1.2　技术路线图

第2章 研究区概况和研究方法

2.1 研究区概况

2.1.1 地理位置

鄱阳湖位于我国东南近海内陆，是我国最大的淡水湖泊。流域位于长江中下游南岸，地处24°29′~30°04′N、113°34′~118°28′E，东邻福建、浙江，南邻广东，西接湖南，北靠长江与湖北、安徽隔江相望，边缘山岭构成省级天然界线和分水岭。赣江、抚河、信江、饶河和修河五大河汇入鄱阳湖注入长江，形成了较为完整的鄱阳湖水系。流域面积为16.21万km²，约占江西省流域面积的97%，占长江流域面积的9%；其中江西省境内面积为15.7万km²，约占鄱阳湖流域面积的96.8%，其余5139km²为鄱阳湖水系五河上游由邻省汇入江西的集水面积，其中安徽为2945km²、湖南为681km²、浙江为545km²和福建为96.7km²[88]。鄱阳湖流域入江出口湖口为长江中下游分界点，如此完整的地区界划和自成系统的水系，全国少有。鄱阳湖流域水系分布见图2.1。

2.1.2 地形地貌

鄱阳湖流域北部为长江及赣江、抚河、信江、饶河和修水等水系冲淤而成的鄱阳湖平原，地形较为平坦，东、南、西三面环山，由周边向内倾斜，形成的鄱阳湖平原为底向北开口的簸箕形盆地。流域地貌类型以丘陵、山地为主，两类面积约占总面积的78%，平原岗地约占12.1%，水面约占9.9%。流域东北部玉山山脉最高峰黄岗山海拔为2158m，耸立于铅山和福建省崇安县边境，为江西省第一高峰；南部地形较复杂，低山、丘陵与盆地交错分布，长江沿江西省北缘流过，由彭泽县出境，在流域内长151.93km，泓线为赣、鄂、皖三省分界线。

2.1.3 土壤植被

鄱阳湖流域以亚热带常绿阔叶林为具有代表性的植被类型，全省森林覆盖率为63.1%（2018年），一般植被分布趋势：自河流上源向下游递减，支流优于干流。主要林地分布在各河上游山区，如章水上游的崇义，桃江上游的全南、龙南，乐安河的婺源、德兴，修河上游的铜鼓等植被较好。

鄱阳湖流域地层古老，山体多由变质岩、花岗岩、碳酸盐岩、红砂岩等组成，流域内

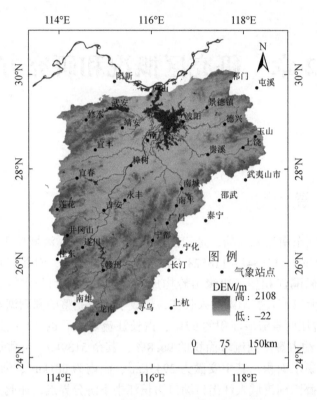

图 2.1　研究区地理位置及气象站点分布

土壤有红壤、黄壤、山地黄棕壤、山地草甸土、石灰土和水稻土等，以红壤分布范围最广，面积约 9.31 万 km^2，黄壤主要分布于海拔 700～1200m，面积约 1.67 万 km^2。

2.1.4　水文气候

　　鄱阳湖流域地处江南丘陵地区，流域内不同区域下垫面差异大，受季风环流影响气温变化明显，流域多年平均气温为 16.2～19.7℃，由南向北依次增高，冬夏气温差异较大。1 月平均气温为 3.5～5.0℃，冷暖温差在 20℃以上；7 月受副热带高压控制，气温较高，平均气温为 19.8～26.9℃，极端最高气温在 40℃以上。鄱阳湖流域地处亚热带湿润季风气候区，多年平均降水量为 1341～1939mm，降水量空间分布不均，年降水量分布为东、南部地区多，中、北部较少，多年平均降水量最大中心出现在鄱阳湖流域东部，最小中心出现在赣北平原和吉泰盆地。流域多年平均蒸发量为 1148.6～1937.3mm（E20 型蒸发皿观测），赣西北山区日照少、风速小，年均蒸发量较小，鄱阳湖区日照强、风速大，年均蒸发量较大。流域多年平均水汽压为 16.6～19.1hPa，地理分布为赣南大、赣北小，平原大、山区小。

2.1.5　河流水系

鄱阳湖水系是由赣江、抚河、信江、饶河、修河五大河流，各级支流共计 2400 余条河流以及鄱阳湖组成，绝大部分汇入鄱阳湖，形成了以鄱阳湖为汇聚中心的辐射水系，经鄱阳湖调蓄后由湖口流入长江，成为长江流域的重要组成部分。

1. 赣江

赣江是鄱阳湖流域的第一大河，也是长江流域中游的主要支流之一。赣江全长 751km，流域面积为 82809km² (外洲站以上)，占鄱阳湖流域总面积的 51.1%，赣江流域四面环山，海拔由南向北逐渐降低。赣江由南向北贯穿全省，以赣州之上为上游，新干以下为下游，在南昌市八一大桥以下，赣江分南、北、中、西四支入湖，其中西支为主支，是赣江的入湖主航道，出口位于永修吴城[89]。

2. 抚河

抚河全长 312km，控制站李家渡以上流域面积为 16493km²，占鄱阳湖流域总面积的 10.2%。抚河流域位于鄱阳湖流域的中东部，发源于武夷山山脉西麓广昌县驿前镇。抚河流域南部为山地、丘陵，中部以山地为主，北部主要是河谷平原和低丘岗地。流域降水丰富，蒸发量小，气候温暖湿润。

3. 信江

信江主河长 312km，流域面积为 17599km² (至梅港水文站)，占鄱阳湖流域总面积的 10.9%。信江流域地处江西省东北部，发源于浙、赣边界仙霞岭西侧，以上饶、鹰潭两市所在地分别作为上、中、下游分界。流域地貌特征主要以山地丘陵为主，占该流域面积的 60%。

4. 饶河

饶河由乐安河与昌江汇合而成，两河全长分别为 267km 和 279km，饶河干流长约 40km，流域面积为 15300km² (至乐安河虎山水文站、昌江渡峰坑水文站)，占鄱阳湖流域总面积的 9.4%。饶河流域位于鄱阳湖流域上东北部，地貌以山地和丘陵为主。

5. 修河

修河全长 389km，最大支流潦河全长 148km，流域面积为 14797km² (至修河柘林水文站、潦河万家埠水文站)，占鄱阳湖流域总面积的 9.1%，是五河中流域面积最小的。修河流域地处鄱阳湖流域西北部，发源于铜鼓县西南山羊尖紫茶平西北麓，修水县城以上为上游，柘林水库以下为下游，地势平缓，水系杂乱，洪涝为患，两岸多丘陵、台地和平原[90]。

2.1.6　自然灾害

鄱阳湖流域地处我国长江中下游平原亚热带湿润季风气候区，根据气象资料统计，影响鄱阳湖流域的气象灾害主要有暴雨、洪涝、连阴雨、高温酷暑、旱等。全省1951～2010年间，特大暴雨（日降水量大于200mm）日数为104（站次），夏季最多；洪涝灾害在1954～2000年共发生19年次，特别是1954年、1998年最为严重，流域内洪涝灾害最严重的区域是鄱阳湖区；鄱阳湖流域春季的连阴雨对水稻育秧不利，秋季连阴雨则对晚稻收割等产生不利影响；盛夏时，江西是长江中下游高温地区之一，年日平均最高气温大于35℃大部分地区在30～45天；鄱阳湖流域干旱主要发生在夏季和秋季。中等以上的伏、秋旱发生频率较高，大致三年两遇，严重伏（秋）旱三年一遇。

2.1.7　社会经济

根据《江西省2018年国民经济和社会发展统计公报》，全年全省生产总值为21984.8亿元，比2017年增长8.1%。2018年年末全省常住人口为4647.6万人，比2017年末增加了25.5万人，2018年全省居民人均可支配收入24080元，江西省是传统的农业大省、粮食主产区。粮食种植面积由1949年的263万 hm² 增加到2018年的372.13万 hm²，2018年全省粮食产量2190.7万吨，比上年下降1.4%；全省共建自然保护区190个，其中国家级16处，自然保护区面积为109.88万 hm²。

2.2　数据来源与处理

2.2.1　气象数据来源与处理

本研究选用1961～2018年鄱阳湖流域及周边38个地面气象观测站的逐日平均气温和降水量数据，由中国气象局国家气象信息中心气象数据共享平台（https://data.cma.cn/）提供。由于个别台站出现了降水量数据缺测，对数据利用均值代替法进行了插值处理，并对研究期时间序列的进行了严格质量控制。逐月平均气温为逐日气温数据的平均值，逐月降水量为每月逐日降水量之和。为与气候模式数据的时间长度保持一致，使用其中1961年1月至2018年12月的数据作为观测数据。鄱阳湖流域气象站点信息见表2.1，其空间分布见图2.1。

2.2.2　气候模式数据来源与处理

2.2.2.1　CMIP5 简介

耦合模式比较计划第五阶段（CMIP5）汇集了全球20多个模式组50多个气候耦合模式，为当前主流的模式提供了一个比较、检验和改进的平台。鉴于模式在气候变化研究中的重要作用，CMIP5全球气候模式也是IPCC第五次评估报告（AR5）重点评估的对象[91]。这些模式的模拟结果，预估了在不同排放情景下未来气候的可能变化，为政策制定以及多学科领域的研究提供重要参考依据。大多数模式考虑了温室气体、太阳辐射、气溶胶相互作用、大气化学的变化等，CMIP5 中的模式加入了生物地球化学过程，包含了全球碳循环和动态植被过程，多数模式的水平分辨率有所提高、垂直层数增加、物理过程更细致，也提供了更多的变量输出结果供下载研究[92,93]。

表 2.1 鄱阳湖流域气象站点信息

序号	站点名称	东经（°E）	北纬（°N）	海拔/m	序号	站点名称	东经（°E）	北纬（°N）	海拔/m
57598	修水	114.58	29.03	146.8	58705	永丰	115.42	27.33	85.7
57696	宜丰	114.78	28.40	91.7	58715	南城	116.65	27.58	80.8
57789	莲花	113.95	27.13	182	58718	南丰	116.53	27.22	111.5
57793	宜春	114.38	27.80	128.5	58806	宁都	116.02	26.48	209.1
57799	吉安	114.97	27.12	76.4	58813	广昌	116.33	26.85	143.8
57894	井冈山	114.17	26.58	843	59092	龙南	114.82	24.92	205.5
57896	遂川	114.50	26.33	126.1	59102	寻乌	115.65	24.95	297.8
57993	赣州	114.95	25.85	123.8	58500	阳新	115.20	29.85	46.8
58506	庐山	115.98	29.58	1164.5	57889	桂东	113.95	26.08	835.9
58507	武安	115.10	29.28	78.9	57996	南雄	114.32	25.13	133.8
58519	波阳	116.68	29.00	40.1	57780	株洲	113.17	27.87	73.6
58527	景德镇	117.20	29.30	62.6	58520	祁门	117.72	29.85	140.4
58600	靖安	115.37	28.87	78.9	58531	屯溪	118.28	29.72	145.4
58606	南昌	115.92	28.60	46.7	58725	邵武	117.47	27.33	191.5
58608	樟树	115.55	28.07	30.4	58820	泰宁	117.17	26.90	340.9
58622	德兴	117.58	28.95	56.4	58911	长汀	116.37	25.85	317.5
58626	贵溪	117.22	28.30	51.2	58918	上杭	116.42	25.05	205.4
58634	玉山	118.25	28.68	116.3	58730	武夷山市	118.03	27.77	223.3
58637	上饶	117.98	28.45	118.3	58818	宁化	116.63	26.23	358.9

2.2.2.2 数据来源

本书使用 CMIP5 中的历史模拟试验和 21 世纪预估试验（RCP），选用其中均包含这两个试验的六个模式中平均温度和降水的月数据。这些气候模式的数据来源于气候模式诊断与对比项目（Program for Climate Model Diagnosis and Intercomparison，PCMDI；http://pcmdicmip. llnl. gov/cmip5/availability. html）。表 2.2 给出了六个模式的基本信息。

表 2.2 六个 CMIP5 全球气候模式基本信息

模式名称	单位名称，所属国家	大气模式分辨率	空间分辨率
CanESM2	CCCMA，加拿大	128×64	2.8°×2.8°
CSIRO-MK-3-6-0	CSIRO-QCCCE，澳大利亚	192×96	2.815°×2.815°
FGOALS-g2	LASG-CESS，中国	128×60	2.8°×2.8°
HadGEM2-ES	MOHC，英国	192×145	0.5°×0.5°
IPRL-CM5A-MR	IPSL，法国	144×143	2.5°×1.3°
MRI-CGCM3	MRI，日本	320×160	1.125°×1.125°

典型浓度路径（RCPs）中有四个场景：RCP2.6、RCP4.5、RCP6.0 和 RCP8.5。本书选取 RCP2.6、RCP4.5 和 RCP8.5 三种排放情景下预估：RCP8.5 指出，到 2100 年，空气中的二氧化碳浓度要比工业革命前的浓度高 3~4 倍；RCP4.5 场景假设，自 2080 年以后，人类的碳排放降低，但依然超过允许数值；RCP2.6 是四个场景中最理想的，它假设人类在应对气候变化之后，采用更多积极的方式使得未来 10 年，温室气体排放开始下降，到 21 世纪末，温室气体排放就成为负值，是一种积极乐观的假设，详见表 2.3[94,95]。

表 2.3 未来排放情景试验

排放情景	描述	温室气体排放
RCP2.6	中期达到强迫值 3W/m² （约 490×10⁻⁶ CO₂），随后减少，至 2100 年为 2.6W/m²	低
RCP4.5	辐射强迫稳定增长至 2100 年的 4.5W/m² （约 650×10⁻⁶ CO₂）	中
RCP8.5	辐射强迫稳定增长至 2100 年的 8.5W/m² （约 1370×10⁻⁶ CO₂）	高

2.2.2.3 气候模式数据预处理

由于每种气候模式的数据的分辨率不同，为了统一计算和方便比较，利用三线性插值将气候模式数据插值到 0.5°×0.5°的网格点，并利用双线性插值法插值至对应站点输出相应气象数据[96]。由于双线性插值的一个显然的三维空间延伸是三线性插值，这里只介绍双线性插值法：

双线性插值是有两个变量的插值函数的线性插值扩展，其核心思想是在两个方向分别进行线性插值。

如图 2.2 所示，已知的红色数据点与待插值得到的绿色点。假如我们想得到未知函数 f 在点 $P=(x, y)$ 的值，假设我们已知函数 f 在 $Q_{11}=(x_1, y_1)$、$Q_{12}=(x_1, y_2)$、$Q_{21}=(x_2, y_1)$ 以及 $Q_{22}=(x_2, y_2)$ 四个点的值。

首先在 x 方向进行线性插值，得到 R_1 和 R_2，然后在 y 方向进行线性插值，得

$$f(R_1) \approx \frac{x_2-x}{x_2-x_1}f(Q_{11})+\frac{x_1-x}{x_2-x_1}f(Q_{21}),\text{其中 } R_1=(x,y_1) \tag{2.1}$$

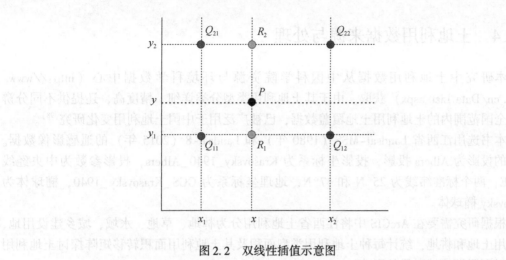

图 2.2　双线性插值示意图

$$f(R_2) \approx \frac{x_2-x}{x_2-x_1}f(Q_{21}) + \frac{x_1-x}{x_2-x_1}f(Q_{22}),\text{其中 } R_1=(x,y_2)\tag{2.2}$$

在 y 方向上进行线性插值，得

$$f(P) \approx \frac{y_2-y}{y_2-y_1}f(R_1) + \frac{y-y_1}{y_2-y_1}f(R_2)\tag{2.3}$$

至此，可以得出未知函数在 P 点的值。

2.2.3　大气环流数据来源与处理

本书中所用到的与干旱有关的大气环流指数包括北极涛动（Arctic oscillation，AO）、北大西洋涛动（North Atlantic oscillation，NAO）、太平洋年代际震荡（PDO）指数及东亚夏季风（East Asian summer monsoon，EASM）指数。其中，北极涛动（AO）数据来源于 http://www. cpc. ncep. noaa. gov/；北大西洋涛动（NAO）数据来源于 http://ljp. gcess. cn/dct/page/；太平洋年代际震荡（PDO）指数数据来源于 http://www. esrl. noaa. gov/psd/data/correlation/pdo. data；东亚夏季风（EASM）指数数据来源于 http://ljp. gcess. cn/dct/page/。

厄尔尼诺–南方涛动（ENSO）是大尺度海洋与大气交互作用事件，是影响全球气候最强烈的信号，往往会改变大气环流，导致全球气候发生异常。用来表征 ENSO 的常用物理量主要有海面温度（sea surface temperature，SST）指数、南方涛动指数（southern oscillation index，SOI）和多变量 ENSO 指数（multivariate ENSO index，MEI）等。本书使用的 MEI 数据来自于美国国家海洋和大气管理局（National Oceanic and Atmospheric Administration，NOAA）气候预测中心（http://www. esrl. noaa. gov/psd/enso/mei），其他指标数据来源于 NOAA 官方网站（http://www. cpc. ncep. noaa. gov/）。以上时间序列长度为 1961 年至 2018 年 12 月[97]，共计 58 年。

2.2.4 土地利用数据来源与处理

本研究中土地利用数据从中国科学院资源与环境科学数据中心（http://www.resdc.cn/Data List.aspx）获取。由于其土地利用类型分类详细、精度高，还提供不同分辨率的全国范围内的土地利用土地覆盖数据，已被广泛用于中国土地利用变化研究[98]。

本书选用江西省 Landsat-MSS（1980 年）和 Landsat-8（2015 年）的遥感影像数据。采用的投影为 Albers 投影，投影坐标系为 Krasovsky_1940_Albers，投影参数为中央经线 105°E，两个标准纬线为 25°N 和 47°N，地理坐标系为 GCS_Krasovsky_1940，椭球体为 Krasovsky 椭球体。

根据研究需要在 ArcGIS 中将江西省土地利用分为林地、草地、水域、城乡建设用地、未利用土地和耕地，统计每种土地利用类型面积及其土地利用面积转移矩阵探讨土地利用变化对鄱阳湖流域干旱的影响。

2.2.5 其他数据资料

鄱阳湖流域 1961 ~ 2018 年干旱发生状况统计资料来自于《中国气象灾害大典·江西卷》[99]和《江西水旱灾害》。

2.3 干旱指数计算方法

标准化降水指数（SPI）是表征某时段降水量出现的概率的多少的指标，该指标的原理是基于降水量分布不是正态分布，而是一种偏态分布。因此在进行分析和干旱监测和评估中，采用 Γ 分布概率来描述降水量的变化。SPI 是极端某一时段内降水量的 Γ 分布概率后，再进行正态标准化处理，然后用标准化降水累积频率分布来划分等级。原理如下：

（1）假设降雨量数据服从 Γ（Gamma）分布，为

$$f(x) = \frac{1}{\beta^{\alpha} \Gamma(\alpha)} x^{(\alpha-1)} e^{\left(\frac{x}{\beta}\right)} \tag{2.4}$$

式中，β 和 α 分别为尺度参数和形状参数，并且 $\beta>0$，$\alpha>0$。β 和 α 可用极大似然估计方法求得

$$\alpha = \frac{1+\sqrt{1+\frac{4A}{3}}}{4A} \tag{2.5}$$

$$\beta = \frac{\bar{x}}{\alpha} \tag{2.6}$$

$$A = \lg\bar{x} - \frac{1}{n}\sum_{i=1}^{n} \lg x_i \tag{2.7}$$

式中，x_i 为降水量序列值。

（2）由于 Γ 函数不包含 $x=0$ 的情况，而实际降雨量可能为 0，故 x 应该为降水系列中非零项的均值，设降水系列长度为 n，则其零项数为 m，降水量为 0 时的事件概率 F（$x=0$）$=m/n$。本书研究数据中数据均为非零项，所以随机变量 x 小于 x_0 的累积概率为

$$F(x < x_0) = \int_x^{x_0} f(x)\,\mathrm{d}x \tag{2.8}$$

将 Γ 函数的累积概率分布标准化正态分布化，得到的值即为相对应的不同时间尺度下的 SPI 值，为

$$F(x < x_0) = \frac{1}{\sqrt{2\pi}} \int_0^{x_0} \mathrm{e}^{-\frac{z^2}{2}}\mathrm{d}x \tag{2.9}$$

将式（2.9）求得近似解为

$$\mathrm{SPI} = S\,\frac{t - \left[\,(c_2 t + c_1) + c_0\,\right]}{\left[\,(d_3 t + d_2)t + d_1\,\right]t + 1.0} \tag{2.10}$$

式中，$t = \sqrt{\ln \dfrac{1}{F^2}}$；当 $F > 0.5$ 时，$S = 1$；$F \leqslant 0.5$ 时，$S = -1$；$c_0 = 2.5155$，$c_1 = 0.8029$，$c_2 = 0.0103$，$d_1 = 1.4328$，$d_2 = 0.1893$，$d_3 = 0.0013$。

标准化降水蒸散发指数（SPEI）是在标准化降水指数（SPI）的基础上发展而来的，是 Vicente-Serrano 等提出的方法[100]。该指数主要是用降水量与蒸散发量的差值偏离平均状态的程度来表示干旱，计算方法如下：

（1）计算潜在蒸散发量。Vicente-Serrano 利用的是 Thornthwaite 方法求得

$$\mathrm{PET} = 16.0 \times \left(\frac{10T}{I}\right)^m \tag{2.11}$$

式中，T 为月平均气温；I 为年热量指数；m 为常数，$m = 6.75 \times 10^{-7} I^3 - 7.71 \times 10^{-5} I^2 + 1.792 \times 10^{-2} I + 0.49$。

（2）估计水汽平衡：

$$D_i = P_i - \mathrm{PET}_i \tag{2.12}$$

式中，D_i 为降水量与蒸散发量的差值；P_i 为月降水量；PET_i 为月潜在蒸散发量。

（3）采用三参数的 log-logistic 概率分布函数对 D_i 数据序列进行正态化，计算每个数值对应的 SPEI 值为

$$f(x) = \frac{\beta}{\alpha}\left(\frac{x-\gamma}{\alpha}\right)^{\beta-1}\left[1 + \left(\frac{x-\gamma}{\alpha}\right)\right]^{-2} \tag{2.13}$$

$$F(x) = \int_0^x f(t)\,\mathrm{d}t = \left[1 + \left(\frac{a}{x-\gamma}\right)^\beta\right]^{-1} \tag{2.14}$$

参数 α、β、γ 的计算公式如下：

$$\alpha = \frac{\omega_0 - 2\omega_1}{\Gamma\left(1 + \dfrac{1}{\beta}\right)\Gamma\left(1 - \dfrac{1}{\beta}\right)} \tag{2.15}$$

$$\beta = \frac{2\omega_1 - \omega_0}{6\omega_1 - \omega_0 - \omega_2} \tag{2.16}$$

$$\gamma = \omega_0 - \alpha\Gamma\left(1 + \frac{1}{\beta}\right)\Gamma\left(1 - \frac{1}{\beta}\right) \tag{2.17}$$

式中，ω_0、ω_1、ω_2为数据序列D_i的概率加权矩：

$$\omega_s = \frac{1}{N} \sum_{i=1}^{N} (1 - F_i)^s D_i \tag{2.18}$$

$$F_i = \frac{i - 0.35}{N} \tag{2.19}$$

式中，N为参加计算的月份个数。

接着对累计概率进行标准化。

当$P \leqslant 0.5$时，$P = F(x)$，SPEI 值为

$$\omega = \sqrt{-2\ln P} \tag{2.20}$$

$$\text{SPEI} = \omega - \frac{c_0 + c_1\omega + c_2\omega^2}{1 + d_1\omega + d_2\omega^2 + d_3\omega^3} \tag{2.21}$$

当$P \geqslant 0.5$时，$P = 1 - F(x)$，SPEI 值为

$$\text{SPEI} = -\left(\omega - \frac{c_0 + c_1\omega + c_2\omega^2}{1 + d_1\omega + d_2\omega^2 + d_3\omega^3} \right) \tag{2.22}$$

式中，常数$c_0 = 2.515517$，$c_1 = 0.802853$，$c_2 = 0.010328$，$d_1 = 1.432788$，$d_2 = 0.189269$，$d_3 = 0.001308$。

SPEI 具有多时间尺度的特征，本研究计算 1 个月、3 个月、6 个月、12 个月、24 个月五个时间尺度的 SPEI 值，在历史时期主要分析 1 个月、3 个月、12 个月时间尺度的 SPEI，未来时期主要分析 1 个月、3 个月、6 个月、12 个月、24 个月时间尺度的 SPEI。因为 1 个月时间尺度的干旱指数可以反映旱涝的细微变化，3 个月时间尺度可以清楚反映季节性干旱变化，12 个月时间尺度可以反映年际干旱变化。本书分别用 SPEI1、SPEI3、SPEI6、SPEI12 和 SPEI24 表示不同时间尺度的 SPEI 值。

根据中国气象局制定的 SPEI 干旱等级划分标准等级标准，将 SPEI 划分为五个级别，见表 2.4。

表 2.4　SPEI 值干旱等级划分

干旱类型	正常（无明显干旱）	轻度干旱	中度干旱	重度干旱	极度干旱
SPEI 值	>-0.5	[-0.5, -1.0)	[-1.0, -1.5)	[-1.5, -2.0)	≤-2.0

2.4　研究方法

2.4.1　Mann-Kendall 趋势检验

Mann-Kendall（M-K）非参数检验法是世界气象组织（World Meteorological Organization，WMO）推荐并广泛应用于水文和气象时间序列的变化趋势分析，其优点是样本不需要遵循特定的分布模型，也很少受异常值干扰且计算过程简单，适用于变化趋势分析[101]。

假定存在一序列为 x_1, x_2, $\cdots$, x_n 时间样本, 检验统计量的计算过程为

$$\mathrm{sgn}(x_j - x_i) = \begin{cases} 1, & \text{若} x_j - x_i > 0 \\ 0, & \text{若} x_j - x_i = 0 \\ -1, & \text{若} x_j - x_i < 0 \end{cases} \qquad (2.23)$$

$$S = \sum_{k=1}^{n-1} \sum_{j=k+1}^{n} \mathrm{sgn}(x_j - x_k) \qquad (2.24)$$

式中, x_i 和 x_j 为时间序列中 i 和 j 年份对应的数值; n 为总长度。当 $n \geq 8$, S 近似的服从正态分布, 所以可求得其和方差:

$$\mathrm{Var}(S) = \frac{n(n-1)(2n+5)}{18} \qquad (2.25)$$

统计量 (Z_{MK}) 为

$$Z_{\mathrm{MK}} = \begin{cases} \dfrac{S-1}{\sqrt{\mathrm{Var}(S)}}, & \text{若} S > 0 \\ 0, & \text{若} S = 0 \\ \dfrac{S+1}{\sqrt{\mathrm{Var}(S)}}, & \text{若} S < 0 \end{cases} \qquad (2.26)$$

统计量 (Z_{MK}) > 0, 表示原时间序列随时间变化呈增加趋势, 相反, $Z_{\mathrm{MK}} < 0$, 表示原时间样本随时间变化呈减少趋势。选定显著性水平 α, 如果 $|Z_{\mathrm{MK}}| > Z_{(1-\alpha/2)}$, 则拒绝原假设, 即表示原时间序列存在显著趋势性, 相反则认为原时间序列变化趋势不显著[102]。$Z_{(1-\alpha/2)}$ 可通过标准正态分布表确定, 若显著性水平 $\alpha = 0.05$ 时, 则对应的 $Z_{(1-\alpha/2)}$ 为 1.96。

2.4.2 气候倾向率

气候倾向率即变化趋势率, 描述气象要素在长时间序列气象数据上的变化趋势, 通常用线性趋势拟合历年气象要素时间序列, 线性趋势率的 10 倍即为气候倾向率用[85]:

$$y = a + bx \qquad (2.27)$$

式中, a、b 为回归常数, 又称斜率, 二者用最小二乘法估计。

2.4.3 相关分析法

相关性分析通常用来分析气象要素之间相互关系的密切程度, 并采用 t 检验对相关系数进行显著性检验, 对于两个要素 a 与 b, 若序列值分别为 a_i 和 b_i, 相关系数的计算为

$$r_{ab} = \frac{\sum\limits_{i=1}^{n}(a_i - \bar{a})(b_i - \bar{b})}{\sqrt{\sum\limits_{i=1}^{n}(a_i - \bar{a})^2}\sqrt{\sum\limits_{i=1}^{n}(b_i - \bar{b})^2}} \qquad (2.28)$$

式中, $\bar{a}$ 和 $\bar{b}$ 分别为两个序列的平均值。r_{ab} 为序列 a 和 b 之间的相关系数, 表示该要素之间的相关程度的统计指标, 取值在 $-1 \sim 1$。$r_{ab} > 0$ 表示正相关, $r_{ab} < 0$ 表示负相关, 相关系数

越大，说明要素之间的相关性越强。在本书中所提到的显著性水平均为 0.05。

2.4.4 交叉小波变换

基于连续小波分析技术的交叉小波变化[103]，是一种将小波变换和交叉谱分析两种方法结合产生的一种新型的信号分析技术[104]，可以从多时间尺度的角度研究两个时间序列之间的在时频域中的相互关系，本书利用交叉小波分析干旱与大气环流指数间的相关性。

对信号 $f(t)$、$g(t)$ 的交叉小波变换方法，信号 $f(t)$ 的小波变换为

$$W_f(a,b) = \int_{-\infty}^{\infty} f(t) \varphi_{ab}^*(t) d(t) = \frac{1}{\sqrt{a}} \int_{-\infty}^{\infty} f(t) \varphi^* \left(\frac{t-b}{a} \right) d(t) \qquad (2.29)$$

式中，a 为尺度参数，$a>0$；b 为平移参数；$\varphi_{ab} = \frac{1}{\sqrt{a}} \left(\frac{t-b}{a} \right)$，称作小波；$*$ 为共轭运算符。$W_f(a, b)$ 的值为信号 $f(t)$ 的小波系数。

同理，函数 $g(t)$ 的小波变换为 $W_g(a, b)$，则两个序列的交叉小波变换为

$$C_{f,g} = W_f(a,b) \overline{W_g(a,b)} \qquad (2.30)$$

式中，$W_f(a, b)$ 和 $W_g(a, b)$ 为 $f(t)$ 和 $g(t)$ 的小波变换形式；$\overline{W_g(a, b)}$ 为 $W_g(a, b)$ 的复共轭。其实交叉小波变换 $W_f(a, b) \overline{W_g(a, b)}$ 就是信号 $f(t)$ 和 $g(t)$ 协方差时间分解。它们在时间轴上就是小波交叉功率谱。交叉小波可以表示两个序列包含的振动成分之间的相互关系，实质上 $f(t)$、$g(t)$ 信号在不同尺度震荡的交叉小波变换系数值在时间域的分布可以为正（负），表明两个信号在相对应尺度上存在着正（负）相关关系，其绝对值越大，相关程度越密切[104]。小波分析交叉谱揭示了 $f(t)$、$g(t)$ 信号序列在没有时间位移（同位相或反位相）各谐波分量对总体方差的贡献，因而可以考察两信号相关显著的频率结构。

2.4.5 干旱评估指标

本书将利用干旱频率、干旱站次比和干旱强度作为评估指标来分析鄱阳湖流域干旱变化特征[105,106]。

（1）干旱频率的公式如下：

$$P_i = \frac{n}{N} \times 100\% \qquad (2.31)$$

式中，P_i 为干旱频率；N 为时间序列的总长度；n 为该站发生干旱的次数，按照不同程度的干旱发生年数计算不同程度的干旱频率。

（2）干旱站次比的公式如下：

$$P_j = \frac{m}{M} \times 100\% \qquad (2.32)$$

式中，m 为发生干旱的站数；M 为气象站点总数；P_j 为干旱站次比，表示干旱发生范围的大小。干旱发生范围定义如表 2.5 所示。

表 2.5　干旱站次比范围

等级	无明显干旱	局域性干旱	部分区域性干旱	区域性干旱	全域性干旱
P_j值	$P_j<10\%$	$10\%\leqslant P_j<25\%$	$25\%\leqslant P_j<33\%$	$33\%\leqslant P_j<50\%$	$P_j\geqslant 50\%$

（3）干旱强度计算公式如下：

$$S_{ij} = \frac{1}{m}\sum_{i=1}^{m}|\mathrm{SPEI}_i| \tag{2.33}$$

式中，m 为发生干旱的站数；$|\mathrm{SPEI}_i|$ 为发生干旱时 SPEI 的绝对值；S_{ij} 为干旱强度，表示干旱的严重程度。根据干旱等级标准，当 $S_{ij}<0.5$ 时干旱强度不明显（无明显干旱）；$0.5\leqslant S_{ij}<1.0$ 时为轻度干旱；$1.0\leqslant S_{ij}<1.5$ 时为中度干旱；$1.5\leqslant S_{ij}<2.0$ 时为重度干旱；$S_{ij}\geqslant 2.0$ 时为极度干旱。

第3章　鄱阳湖流域干旱指数适用性研究

气候变化异常引发的自然灾害频发，从而影响了人类的生产生活。干旱是人类面临的主要自然灾害之一，是全球最常见的极端气候事件。在了解气候变化整体趋势以后，有必要对研究区域内的变化情况进行分析，这对研究气象干旱等演变规律及其对农业等造成的影响具有重要意义，要准确刻画并分析气象干旱发生情况，最主要的是选择适宜的干旱指数。本章通过以鄱阳湖流域及周边38个气象站点1961～2018年的月降水量和气温数据，描述鄱阳湖流域气温、降水的变化趋势；通过利用SPI和SPEI分别计算了不同时间尺度的气象干旱，并与气象干旱实况进行对比分析，研究两种干旱指数在鄱阳湖流域的适用性，从而遴选一种适合于整个鄱阳湖流域的气象干旱指数。

3.1　鄱阳湖流域1961～2018年气温变化特征

3.1.1　气温年际变化特征

图3.1为1961～2018年鄱阳湖流域气温年变化趋势（a）和距平（b）图，从图中可以看出，在1961～2018年，鄱阳湖流域的年平均气温为17.89℃，最高值出现在2016年，为18.83℃，最低值出现在1984年，为16.89℃，两者相差1.94℃，总体上，气温以0.20℃/10a的速率呈现上升趋势。这个变化趋势是低于我国（0.25℃/10a）的升高速率，但高于全球的速率（0.13℃/10a）。在年代际尺度上，鄱阳湖流域在20世纪60年代的平均气温为17.75℃；20世纪70年代的平均气温为17.49℃，相比于60年代下降了0.26℃；20世纪80年代则降低至17.47℃，是58年中的最低值；20世纪90年代平均气温17.86℃，相比于80年代增加了0.39℃；21世纪初十年平均气温为18.35℃，相比于20世纪90年代增加了0.49℃，是增温幅度最快的时期；21世纪10年代的平均气温为18.49℃，是58年中的最高值。总体上，鄱阳湖流域年平均气温从20世纪60年代开始降低，随后到20世纪80年代降低，之后持续增加。其中，20世纪90年代到21世纪初十年时期的增温幅度最快，不排除气温突变的可能。

通过图3.1（b）可直观判断鄱阳湖流域1961～2018年间气温变化的大小和趋势结果。在1961～1997年间，气温距平主要以负值为主，仅有1961年、1963年、1966年、1978～1979年、1990年、1994年气温距平为正，表明鄱阳湖流域在这个时期平均气温较低；在1998～2018年间，气温距平主要以正值为主，仅有两个年份气温距平值为负值，分别是2000年、2012年，说明鄱阳湖流域在这个时期的气温较高，其中1998年、2007年、2013年和2016～2018年气温距平接近1℃，可见进入20世纪90年代以后，气温增加幅度稳步上升。

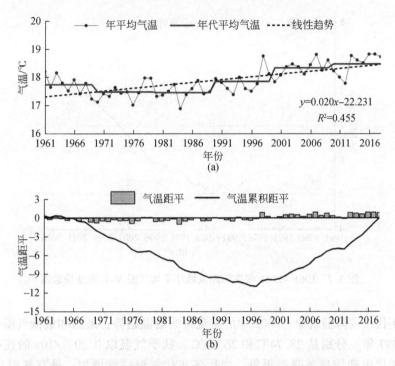

图 3.1　1961～2018 年鄱阳湖流域气温年变化趋势（a）和距平（b）图

从气温累积距平曲线可以看出，1961～2018 年鄱阳湖流域年气温累积距平值存在先减少之后增加的现象，大致呈现"V"形，在 1961～1997 年间，气温累积距平值持续下降，距平值减小，表明在该时期的气温偏低；在 1998～2018 年间，气温累积距平值持续增长，距平值增加，表明在该时期的气温偏高。

图 3.2 为 1961～2018 年鄱阳湖流域年平均气温 M-K 突变检验图，图中 UF 曲线为时间序列统计曲线，UB 曲线为逆序时间序列统计曲线。从图 3.2 可知，UF 曲线在 1961～1997 年间均小于 0，并在 1967～1979 年间超过了 0.05 显著性水平临界值，说明这个时期存在一个明显的降温过程。1998 年之后 UF 曲线均大于 0，说明气温持续上升，在 2002 年之后超过了 0.05 显著性水平临界值。此外，在 2002 年，气温 UF 曲线和 UB 曲线有一个交点，说明 2002 年可能是鄱阳湖流域年平均气温发生突变的年份。

3.1.2　气温季节变化特征

从鄱阳湖流域 1961～2018 年四季气温的时间变化 [图 3.3（a1）、（b1）、（c1）、（d1）] 可知，鄱阳湖流域的四季气温变化与年际变化一致，都呈现增加趋势，但也存在着差异。

春季气温总体呈增加趋势，气温倾向率为 0.25℃/10a；在 20 世纪 70～80 年代呈现降温现象，1996 年后随着时间变化呈显著增温的趋势；最低气温出现在 1970 年，为 15.57℃，最高气温出现在 2018 年，为 19.90℃。夏季气温以 0.09℃/10a 的速率增加，在

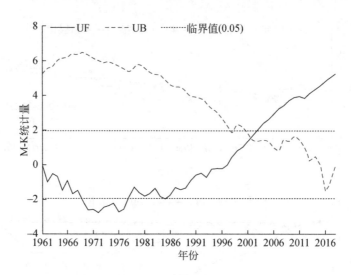

图 3.2　1961～2018 年鄱阳湖流域年平均气温 M-K 突变检验图

20 世纪 90 年代出现降温现象，2002 年后呈现持续增温趋势；最高和最低气温分别出现在 2013 年和 1997 年，分别是 28.74℃ 和 26.24℃。秋季气温以 0.20℃/10s 的速率增加，在 20 世纪 70 年代出现较显著降温现象，之后各年代气温持续增加；最高气温出现在 2014 年，为 20.84℃。冬季气温以 0.26℃/10a 的速率显著增加，在 20 世纪 80 年代出现了降温现象，1985 年后气温呈现增加趋势；最高气温出现在 2016 年，为 9.76℃，最低气温出现在 1983 年，为 4.77℃。总体来说，四季最高气温均出现在 20 世纪 90 年代以后，在此之后气温均呈现增加态势，增温速率从大到小依次为冬季>春季>秋季>夏季，表明春、冬季出现增温对鄱阳湖流域气温变暖的影响较大。

　　从鄱阳湖流域 1961～2018 年四季的气温距平和气温累积距平［图 3.3（a2）、（b2）、（c2）、（d2）］可知，鄱阳湖流域四季气温波动性较大，但是趋势与年际变化一致。四季气温距平在 1961～1996 年间基本以负值为主，表明这段时间气温较低；在 1998～2018 年以正值为主，表明该段时期气温较高。春季在 1996 年气温累积距平出现最低值 -15.50℃，即 1996 年之前处于气温降低期，之后气温上升；秋季在 1997 年气温累积距平出现最低值 -11.71℃，春季和秋季气温累积距平出现年份与年平均最低气温累积距平值（图 3.1）出现的年份较一致；夏季在 2002 年气温累积距平出现最低值，为 -6.90℃；冬季在 1985 年气温累积距平出现最低值 -14.29℃，出现年份最早。总体上，鄱阳湖流域四季气温累积距平值都存在先减少后增加的现象，大致都呈现"V"形，与年际变化相同，表明该流域气温均经历了一个先降温后增温的变化过程。

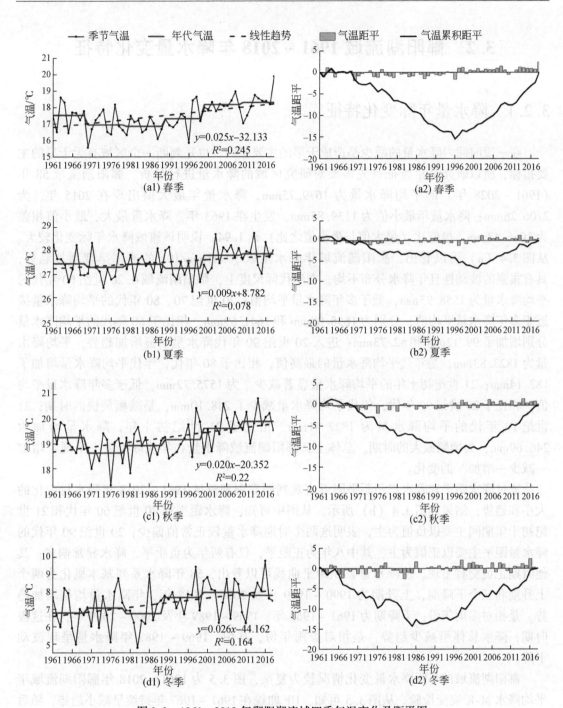

图 3.3　1961~2018 年鄱阳湖流域四季气温变化及距平图

3.2 鄱阳湖流域 1961 ~ 2018 年降水量变化特征

3.2.1 降水量年际变化特征

在一段时间内降水量的减少是造成干旱的主要原因，也是判断一个区域有无干旱的主要指标，所以研究干旱特征首先需要对研究区域的降水量进行分析。鄱阳湖流域 58 年（1961 ~ 2028 年）的平均降水量为 1679.75mm，降水量年最大值出现在 2015 年，为 2206.28mm；降水量年最小值为 1139.85mm，发生在 1963 年，降水量最大、最小值相差为 1066.43mm，极值比（最大值与最小值之比）达 1.94，说明该流域降水年际变化较大。从图 3.4（a）可以看出，鄱阳湖流域年降水量以 30.61mm/10a 的速率呈现增加趋势，具有很强的波动性且年降水分布不均。在年代际尺度上，鄱阳湖流域在 20 世纪 60 年代的平均降水量为 1558.95mm，低于多年降水量平均值；20 世纪 70、80 年代的平均降水量接近于多年降水量平均值，分别为 1658.07mm 和 1641.69mm，相比于 60 年代的平均降水量分别增加了 99.12mm 和 82.73mm；进入 20 世纪 90 年代降水呈明显增加趋势，平均降水量为 1823.83mm，是年代平均降水量的最高值，相比于 80 年代，年代平均降水量增加了 182.14mm；21 世纪初十年的平均降水量显著减少，为 1575.72mm，低于多年降水量平均值，相比于 20 世纪 90 年代，年代平均降水量减少了 248.10mm，是减幅最快的时期；21 世纪 10 年代的平均降水量为 1822.41mm，相比于 21 世纪初十年，降水量增加为 246.69mm，为增幅最大的时期。总体上，鄱阳湖流域降水量在年代际尺度上呈现"增加—减少—增加"的变化。

通过降水距平和降水累积距平图可直观判断鄱阳湖流域 1961 ~ 2018 年降水量变化的大小和趋势，结果如图 3.4（b）所示。从图中可知，降水距平在 20 世纪 60 年代和 21 世纪初十年期间主要以负值为主，表明这两个时期降水量较正常值偏少；20 世纪 90 年代的降水量距平主要以正值为主，其中八年为正距平，仅有两年为负距平，降水异常偏多；其他时期正负交替出现。从降水量累积距平曲线可以看出，58 年降水系列基本概化为两个上升期和三个下降期，上升期为 1990 ~ 1999 年及 2010 ~ 2018 年，年降水量均呈增加趋势，是相对多雨年份；下降期为 1961 ~ 1968 年、1969 ~ 1989 年及 2000 ~ 2009 年，在这段时期，降水总体呈减少趋势，是相对少雨年份，其中，1969 ~ 1989 年降水量呈现波动下降。

鄱阳湖流域的年际降水量变化情况较为复杂，图 3.5 为 1961 ~ 2018 年鄱阳湖流域年平均降水 M-K 突变检验。从图 3.5 可知，UF 曲线在 1961 ~ 1967 年持续呈减小趋势，随后 UF 曲线一直在 0 ~ 1 波动，呈现增加趋势。UF 和 UB 曲线之间存在多个交点，结合降水累积曲线可知，鄱阳湖流域降水在 1991 年左右发生了由少转多的显著变化，在 2000 年左右发生了由多转少的显著变化。在 1991 年以前年平均降水为 1618.63mm，而 1991 年以后年平均降水量为 1859.48mm，较突变前上升了 240.85mm；而 2002 年前后平均降水量减少了 184.89mm。

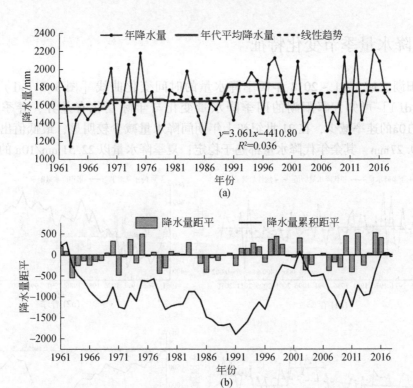

$y=3.061x-4410.80$
$R^2=0.036$

(a)

(b)

图 3.4　1961~2018 年鄱阳湖流域降水年变化趋势（a）和距平（b）图

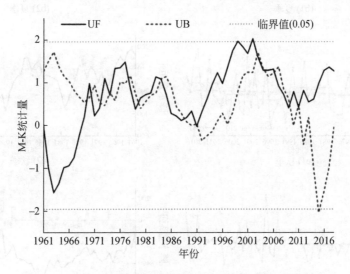

图 3.5　1961~2018 年鄱阳湖流域年平均降水 M-K 突变检验

3.2.2　降水量季节变化特征

从鄱阳湖流域 1961～2018 年四季降水量的时间变化曲线 [图 3.6（a1）、（b1）、（c1）、（d1）] 可知，鄱阳湖的四季降水量变化与年际变化有差异，春季降水量以 −3.83mm/10a 的速率减少，在 21 世纪初十年期间降水量减少较明显，最低值出现在 2011 年，为 309.27mm，其余年代降水量都趋于稳定；夏季降水量以 22.51mm/10a 的速率明显

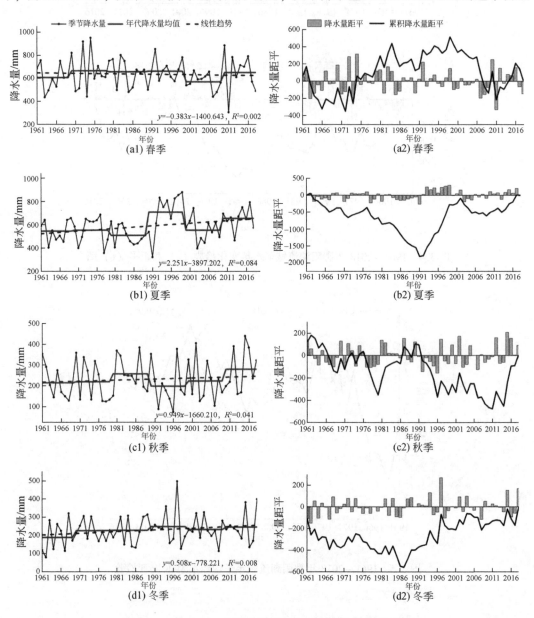

图 3.6　1961～2018 年鄱阳湖流域四季降水变化及距平图

增加，在 20 世纪 90 年代期间降水量显著增加，最高和最低值分别出现在 1999 年和 1991 年，降雨量为 876.06mm 和 317.43mm；秋季和冬季降水量分别以 9.49mm/10a 和 5.08mm/10a 的速率增加。可以看出，鄱阳湖流域四季降水量分布不均匀，春季、夏季、秋季、冬季降水量多年平均值分别为 639.15mm、582.06mm、232.42mm 和 227.46mm，分别占全年降水量的 38.05%、34.65%、13.85% 和 13.55%；全年降水量主要都集中在春季、夏季，占年降水量的 72.70%。总体来说，除春季降水量呈减少趋势，夏季、秋季、冬季均呈增加趋势，变化速率为夏季>秋季>冬季>春季。春夏两季降水量变化明显，容易引发干旱和洪涝等自然灾害。

从鄱阳湖流域 1961～2018 年四季的降水量距平和累积降水量距平 [图 3.6（a2）、（b2）、（c2）、（d2）] 可知，鄱阳湖流域四季降水波动性较大，相对变化规律较气温相比更复杂。四季降水量距平值更多呈现负值，说明少雨年份更多，少雨期主要集中在 20 世纪 60、70 年代及 21 世纪初十年；而如前节关于气温变化分析可知在这些时期气温有升高趋势，因此，在这段时期鄱阳湖流域呈现干旱态势。通过四季累积降水量距平值可以看出，除春季累积降水量距平值呈现"倒 W"形，其他季节均呈现"W"形，即这些季节降水量先减少后增加，再减少最后增加的趋势。

3.3　干旱指数在鄱阳湖流域适用性分析

利用鄱阳湖流域气象站点的数据资料，选用标准化降水蒸散发指数（SPEI）和标准化降水指数（SPI）分别计算了鄱阳湖流域气象站点的 1 个月、3 个月、6 个月、12 个月、24 个月时间尺度的气象干旱发生状况，并统计了不同尺度下的干旱频率，通过查阅《中国气象灾害大典·江西卷》[99]记录的有关鄱阳湖流域气象干旱的实际发生情况，整理了 1961～2000 年干旱发生时间资料，通过对比分析，研究了两种干旱指数在鄱阳湖流域的适用性，并选择一种适合于鄱阳湖流域气象干旱分析的指标。本章选用 1 个月、6 个月、24 个月的时间尺度值，代表短、中、长期干旱情况，并基于 SPEI 和 SPI 两种不同干旱指数计算了干旱频率。

3.3.1　不同时间尺度干旱指数分析

利用 1961～2018 年的观测气象数据计算不同时间尺度 SPI 和 SPEI，并对比分析了不同时间尺度上 SPEI 与 SPI 的相关性，结果如表 3.1 所示。由表 3.1 可知，不同时间尺度年内各月 SPI 和 SPEI 相关性较好，相关系数均超过 0.9，除在 1 个月尺度上的 10 月相关系数低于 0.95，不同时间尺度年内各月 SPEI 与 SPI 相关系数均在 0.95 之上，且都通过了置信度为 99% 的显著性检验。各时间尺度的相关性，以 3 个月的最高，其次分别为 6 个月、12 个月、24 个月和 1 个月。

表 3.1　不同时间尺度下 SPEI 与 SPI 相关性

月份	1 个月	3 个月	6 个月	12 个月	24 个月
1	0.9780	0.9870	0.9735	0.9893	0.9837
2	0.9888	0.9891	0.9726	0.9866	0.9808
3	0.9872	0.9853	0.9549	0.9824	0.9798
4	0.9902	0.9810	0.9849	0.9814	0.9767
5	0.9892	0.9881	0.9905	0.9785	0.9757
6	0.9912	0.9886	0.9914	0.9815	0.9795
7	0.9884	0.9924	0.9909	0.9739	0.9773
8	0.9884	0.9912	0.9895	0.9788	0.9787
9	0.9566	0.9846	0.9853	0.9773	0.9795
10	0.9162	0.9835	0.9894	0.9818	0.9802
11	0.9811	0.9806	0.9880	0.9872	0.9814
12	0.9777	0.9862	0.9866	0.9888	0.9822

为进一步了解不同时间尺度上 SPEI 与 SPI 的关系，运用条件概率来分析 SPEI 和 SPI。条件概率是指给定事件 A 在另一个事件 B 已经发生条件下的发生概率，表示为 $P(A \mid B)$。本书中，A 代表 SPEI 小于等于 -0.5 的干旱事件，B 代表 SPI 小于等于 -0.5 的干旱事件。因此，基于 $1961 \sim 2018$ 年不同时间尺度 SPI 和 SPEI，对 1 个月、3 个月、6 个月、12 个月、24 个月五个时间尺度的 SPI 和 SPEI 进行条件概率计算，结果如表 3.2 所示。以 12 个月时间尺度为例，在 SPEI 小于等于 -0.5 条件下，SPI 小于等于 -0.5 的概率为 $P(B \mid A) = 0.95$；而同时，在 SPI 小于等于 -0.5 条件下，SPEI 小于等于 -0.5 的概率为 $P(A \mid B) = 0.93$，这表明在 SPEI 确定干旱的条件下，SPI 的结果与 SPEI 确定的结果相差较小。同样，在 SPI 确定干旱的条件下，SPEI 的结果与 SPI 确定的结果也相差较小。其他时间尺度的 SPEI 与 SPI 的条件概率结果分析也可得到类似结论。因此，表 3.2 条件概率计算结果表明不同时间尺度 SPI 和 SPEI 能相互确定彼此的干旱情况。

表 3.2　不同时间尺度下 SPEI 与 SPI 的条件概率

条件概率	1 个月	3 个月	6 个月	12 个月	24 个月
$P(B \mid A)$	0.90	0.90	0.93	0.95	0.91
$P(A \mid B)$	0.97	0.96	0.94	0.93	0.91

表 3.3 为四季和年 SPEI 与 SPI 条件概率计算结果。与不同时间尺度 SPI 和 SPEI 分析类似，几乎所有的 SPEI 确定的干旱事件，也能被 SPI 所识别；同样，几乎所有的 SPI 确定的干旱事件，也能被 SPEI 所识别。以秋季为例，在 SPEI 小于等于 -0.5 条件下，SPI 小于等于 -0.5 的概率为 $P(B \mid A) = 0.95$；而同时，在 SPI 小于等于 -0.5 条件下，SPEI 小于等于 -0.5 的概率为 $P(A \mid B) = 0.91$，这表明在秋季，SPI 和 SPEI 能以较大的概率确定彼此的干旱情况。不过其中，春季和冬季的 SPEI 的结果与 SPI 确定的结果存在一些差异。

分析原因，主要在于温度对干旱有重要的影响。根据 3.1 节对鄱阳湖流域过去近 60 年的降水与气温变化的分析，降水总体呈现增加趋势，但趋势并不明显，相对而言气温却呈现显著上升的趋势，尤其是春季和冬季气温变化最显著。由于 SPEI 利用平均气温来估算蒸散发，考虑了水分亏缺的程度，而 SPI 仅考虑了降水对干旱的影响，因此，在温度变化显著的春季和冬季，两者之间的差别就显现出来。一般而言，温度对干旱的影响，主要是通过影响蒸发速率而实现，当温度增加时，蒸发速率一般会加快，这会加剧干旱的严重程度。因此，相比 SPI，SPEI 更能准确地反映鄱阳湖流域干旱发生的实际状况。

表 3.3　四季和年 SPEI 与 SPI 的条件概率

干湿状况	$P(B\mid A)$		$P(A\mid B)$	
	湿润	干旱	湿润	干旱
春季	0.94	0.84	0.94	1.00
夏季	0.83	0.90	0.88	0.95
秋季	0.95	0.95	1.00	0.91
冬季	0.89	0.83	1.00	0.94
年	0.94	0.95	1.00	1.00

3.3.2　干旱指数计算结果与实际旱灾资料对比

通过查阅《中国气象灾害大典·江西卷》[99]相关记载资料，整理出了鄱阳湖流域 1961～2000 年气象干旱实测发生情况（表 3.4），根据鄱阳湖流域代表气象站点计算出的 SPEI、SPI 两种干旱指数对比《中国气象灾害大典·江西卷》[99]统计数据，对各种干旱指数的相关程度进行了较为详细的分析。1961～2000 年，根据《中国气象灾害大典·江西卷》[99]实测资料，代表站点 1 个月尺度干旱发生次数分别为波阳 101 次、广昌 99 次、贵溪 119 次、赣州 100 次、吉安 105 次、景德镇 104 次、南昌 85 次、南城 102 次、遂川 95 次、修水 107 次、宜春 110 次、玉山 100 次、樟树 103 次。

表 3.4　1961～2000 年鄱阳湖流域气象干旱发生状况统计

干旱发生时间	气象干旱详细发生情况
1961 年 6～8 月	全省 6 月下旬至 8 月下旬持续 50 多天未降透雨，受旱农田 40.20 万 hm²，成灾面积为 16.3 万 hm²。其中鄱阳湖流域北部、南部均出现年内干旱严重现象
1962 年 3～8 月	南部地区南康春旱，造成 0.4 万 hm² 早稻推迟插秧。赣县伏、秋连旱，受灾农田 4000hm²，减少粮食数百万千克。西南部地区莲花、信丰和吉水等地分别干旱了 40 天左右。北部地区星子镇年内大旱，受灾农田 1920hm²，减产粮食 460.8 万 kg。德安年内旱，受灾农田 896.8hm²
1962 年 10 月～1963 年 7 月	1962 年 10 月～1963 年 3 月，全省多数地区少雨，降水量比历史同期平均少四分之一到三分之一，发生了春旱；夏季降水量比历年同期少 35%～56%。出现了夏旱。秋季降水量又比历年同期少 25%～33%，泉水枯竭，水塘水库干涸，许多大中型水库的蓄水量只及计划的 20%～30%

干旱发生时间	气象干旱详细发生情况
1964 年 6 ~ 10 月	自 6 月起，赣中地区如南丰、宜黄等地干旱近 70 天，修水 7 月 8 日至 10 月少雨，大旱，受旱作物超过 2.3hm²。全省南北部发生大旱，受灾面积较大
1965 年 7 ~ 9 月	南部地区宁都、上犹、安远和全南等县 7 ~ 9 月干旱，水塘干涸，连续 60 天无雨，农田发生了不同程度受灾，赣西南和中部地区也有干旱发生，宜春年内旱，受灾农田 1559.5hm²
1966 年 7 ~ 10 月	贵溪 7 月 14 日至 10 月 4 日连旱 79 天，二晚受灾 7432.5hm²，北乡大部分地区饮水困难，铜鼓 7 月 14 日至 10 月 8 日连旱 83 天，赣中、赣西南地区井冈山、莲花、萍乡等地发生大旱，连旱 60 天以上。万安年内旱，受灾农田 8375.8hm²
1967 年 6 ~ 11 月	6 月至 11 月间，铅山地区发生干旱，从 6 月 24 日到 11 月 6 日连续干旱长达 136 天之久，全县受旱面积达 0.5 万 hm²。赣中大部分地区均发生了干旱，新余市秋旱（从 8 月 18 日至 10 月 31 日，共 75 天），成灾面积为 0.3 万 hm²。峡江秋旱，受灾农田 0.5 万 hm²。南部地区降水较少，大部分地区都发生了干旱，全南、瑞金等地受灾农田面积较大
1968 年 5 ~ 10 月	全省各地区不同程度发生干旱，瑞昌从 5 月 25 日到 7 月 15 日，伏旱 52 天，9 月 21 日到 10 月 10 日出现秋旱 20 天，受其影响，早稻有 50% 的面积绝收。贵溪 7 ~ 10 月干旱 82 天，赣南地区兴国夏、秋大旱，受灾农田 0.7 万 hm²，定南秋旱，受灾农田 0.1 万 hm²，成灾 466.7hm²
1971 年 5 ~ 9 月	全省各地干旱都有出现，南部地区春、夏旱，安福 6 月下旬起连旱 61 天，受灾农田 11689.8hm²。赣东北地区弋阳伏、秋旱严重，受灾田地 5.7 万 hm²，颗粒无收 0.4 万 hm²，减产粮食 45 万 kg。中部地区崇仁伏旱、新余伏、秋干旱，临川则发生夏旱，宜春年内旱，受灾农田 1783.9hm²
1972 年 4 ~ 8 月	4 ~ 8 月间，安远春旱，早稻无水做秧田，8 月 10 日 ~ 9 月 30 日干旱，受旱农田 966.7hm²。赣州地区南部夏、秋旱，峡江秋旱，受灾农田 1 万 hm²。宜春地区年内发生旱灾，受灾农田 1144.8hm²
1973 年 11 月 ~ 1974 年 2 月	九江地区庐山秋旱连冬旱，山下冬种困难，山上供水困难；赣州地区冬旱，受灾农田 0.1 万 hm²；宜春年内旱灾，受灾农田 1168hm²；波阳年内干旱 62 天，受灾农田 0.8 万 hm²
1974 年 6 ~ 10 月	自 6 ~ 10 月，赣东北地区贵溪 7 ~ 10 月干旱，二晚减产 15%。赣南地区定南县夏旱，受灾农田 1000hm²，安远秋旱，晚稻受灾 920hm²，成灾 196.7hm²。宜春年内旱灾，受灾农田 1501.9hm²
1976 年 7 ~ 10 月	从 7 ~ 10 月间，修水流域干旱，受灾农田 1502hm²。波阳伏、秋旱 62 天，粮食减产 2000 万 kg。赣西南地区伏、秋旱 40 天以上。宜春地区年内出现干旱，赣州部分地区连续 50 多天无雨
1978 年 6 月—1979 年 2 月	全省伏旱、秋旱、连冬旱，干旱范围 72 个县市。6 月中旬，全省水库蓄水只占计划的 60%，伏旱露头，进入 7 月后，高温无雨，旱情迅速扩大。6 月中旬至 7 月底的一个半月中，部分地区只有零星雨，而同期的蒸发量为 400mm 左右。7 月全省早稻受旱面积达 63.3 万 hm²。8、9 月全省大部分地区只有零星降雨，由于前期蓄水不足，大部分小塘、小库、小溪和山泉已经干涸或者断流，大中型水库蓄水量也所剩无几。全省 72 个县市受灾面积达 84.4 万 hm²，成灾面积 47.4 万 hm²，其中无收的 23.3 万 hm²，损失粮食约 10 亿 kg。景德镇 6 月 23 日雨季结束，干旱持续到次年年初，受灾农作物 1.6 万 hm²；修水 6 月下旬至 10 月干旱；宜春年内旱灾，受灾农田 3914.7hm²；吉安年内大旱，2395 个生产队受灾，粮食减产 1949 万 kg

干旱发生时间	气象干旱详细发生情况
1979 年 5～9 月	景德镇 5 月持续干旱，受灾农田 1.3 万 hm²，成灾 1.2 万 hm²，减产粮食 500 万 kg。波阳冬旱严重，冬种困难。玉山年内大旱，塘库干涸，旱死油菜超过 0.4 万 hm²。全省都出现了不同程度的干旱，在南部地区尤为明显
1980 年 6～11 月	从 6 月开始，在赣南和赣东北地区年内干旱，早稻等农作物出现了受灾，很多地方出现了绝收。泰和年内大旱，受灾农田 7733.3hm²，减产 8 成以上至无收的有 400hm²
1981 年 6～9 月	自 5 月以来，南丰、安义、景德镇等赣中地区县市持续干旱 85 天以上，受灾农田面积不断扩大。8 月以后，在赣中和赣西南地区仍出现了干旱
1982 年 6～8 月	在 6 月下旬后期到 8 月，全省基本上处于少雨、高温、干旱时期，7 月更为明显，月降水量除赣南局部地区较常年偏多外，大部分地区降水量较常年偏少 3～6 成。宜春地区月降雨量为 11～68mm，较常年偏少 5～9 成。7 月平均气温大部分地区接近常年，但中旬的气温偏高明显，使赣北、赣中出现了高温天气，部分地区出现旱情，局部地区产生旱灾
1984 年 7～9 月	由于汛期降水量分布不大均匀，7 月及 9 月前后，在部分县发生了不同程度的伏旱和秋旱，干旱较严重的是丰城、万载、萍乡、安福、遂川等县，全省受灾农田达 21.44 万 hm²
1985 年 4～8 月	4 月全省雨水特少，很多县的雨量还不及历史平均值的一半，赣中一部分县出现春旱，无水栽秧；5～6 月全省大部分地区雨量持续减少。整个雨季的雨量只有历史平均值的 50%～70%，受灾面积持续扩大。截至 6 月 30 日已有超过 12.0 万 hm² 农田受旱，而调剂赣抚平原灌溉的江口和洪门水库已接近死水位，旱情显得更为严重。整个汛期雨量是继 1963～1978 年以来最少的年份。从 7 月中旬起，赣州以北大部分旱情持续发展，全省农田受旱面积 42.99 万 hm²，绝收 7.0 万 hm²。秋旱重于伏旱，受旱最重的是九江地区，其次是宜春和上饶两地区
1986 年 7～9 月	全省汛期雨量普遍比常年偏少 1～5 成，是历史上的枯汛年类型，水源短缺，旱象露头早，干旱持续长，旱情广而重。旱季（7～9 月）雨量偏少 2 成以上的有 42 个县市，连续 60～70 天未下透雨的县市有 21 个，旱情特种的县市有 11 个，重度干旱区在吉泰盆地、赣州盆地及武夷山西侧。全省受旱农田 96.02 万 hm²，绝收 23.3 万 hm²，受灾人口 1214 万，其经济损失过 3 亿元，是继 1978 年之后灾情最严重的一年
1988 年 4～12 月	4 月全省降水偏少，赣北月降水仅 70～150mm，比常年偏少 3～6 成，接近历史最少的 1985 年；5 月初出现了同期罕见的高温天气，赣北局部出现了春旱。7 月降水全省普遍偏少 3～9 成，是自 60 年代以来最少的一年，7 月蒸发量全省明显增多，由于高温低湿，连晴少雨，蒸发量大，除边缘山区外，普遍出现了秋旱。8 月全省干旱面积达 120 万 hm²，10～12 月全省出现了严重干旱
1989 年 7～12 月	赣南汛期结束偏早，部分地区雨量偏少。下半年全省大部分地区降水量偏少，南部大部分地区 7～12 月总降水量不足 300mm，下半年部分地区出现了干旱。8～12 月降水量较少，有些地区连续几个月没有下过透雨，秋旱持续时间较长，直到年底，旱象仍未解除。全省以吉泰盆地、赣州地区旱情较重，农作物等不同程度受到了干旱影响，全省干旱面积累计达 45.86 万 hm²
1990 年 6～9 月	汛期结束偏早，大部雨量偏少，局部地区 6 月中旬以后没有下过透雨，大部分地区 7 月之后基本无雨，全省普遍出现了伏旱，对农业生产影响较大，8 月中旬至 9 月中旬，赣北又维持晴热少雨天气，部分地区一度出现秋旱，尤以高安、萍乡、上饶、玉山、广丰和修水等地区干旱状况较为明显，全省干旱面积多达 55.66 万 hm²，秋旱面积达 53.3 万 hm²

干旱发生时间	气象干旱详细发生情况
1991 年 5 ~ 11 月	年内最严重的气象灾害是干旱，且不同程度地发生了夏旱、伏旱和秋旱。赣南南部因 4 月降水特少出现旱象，666.6hm² 早稻因缺水无法移栽。5 ~ 6 月，汛期大部分地区出现罕见空汛，干旱迅速发展。8 月中旬后期至 9 月上旬前期，9 月中旬至 10 月上旬、10 月下旬至 11 月中旬全省又持续出现不同程度的秋旱
1992 年 7 ~ 11 月	7 月中旬开始，全省出现高温晴热天气，许多地方滴雨未下，日蒸发量大，加之农业用水量剧增，全省伏旱面积达 53.1 万 hm²；8 月下旬，赣西北、赣北降水偏少，出现轻度干旱；9 ~ 11 月，赣中、赣北又出现秋旱，大部降水偏少 8 ~ 10 成，赣赣南和九江等地干旱持续 100 多天
1994 年 7 ~ 8 月	全省在夏季和秋季分别出现了不同程度的伏旱和晚秋旱。赣东北地区自 7 月中旬到 8 月中旬持续高温少雨，出现了伏旱，修水、南丰等地也出现了不同程度的旱情。10 月中旬至 11 月下旬，持续少雨。全省大部分地区持续连续无降水日数超过 30 天，赣南部分及景德镇等地超过 40 天，全省部分地区出现了晚秋旱，其中赣南大部分地区出现了晚秋旱，赣南地区旱情严重
1995 年 7 ~ 9 月	汛期结束后，全省分别出现了不同程度的伏旱和秋旱。赣北赣中大部及赣南局部连续无降水日超过 15 天，赣北赣中部分地区出现伏旱。8 月下旬，全省基本无雨，部分地区连续无降水日数超过 20 天，赣北西北部山区和赣南中部及景德镇、广昌等 9 月降水不足 30mm。11 月全省降水仅为 2 ~ 35mm，共 28.7 万 hm² 农田、218 万人遭受灾害
1995 年 9 月 ~ 1996 年 1 月	1995 年秋至 1996 年 1 月全省长时间持续少雨，造成秋冬连旱，大部分地区维持中度干旱状态，进入 9 月以来，全省大部分地区未下透雨，降水普遍处于偏少状态，局部整旬无雨现象，致秋旱发生。全省农田受灾面积达 20.05 万 hm²
1998 年 6 ~ 8 月	全省持续出现晴热高温少雨天气，8 月中旬，全省平均降雨量仅 10mm，为同期多年平均值的 20%，仅吉安地区受旱农田达 10.9 万 hm²，赣州 8.2 万 hm²。夏秋又出现明显的干旱。较明显的伏旱主要出现在宜春、上饶南部和吉安、赣州两地
2000 年 6 ~ 9 月	赣北赣中出现中-重度伏旱，赣南出现轻-中度伏旱，是自 1993 年以来的最严重的伏旱。全省受旱作物面积达 63 万 hm²，还出现了轻度秋旱

　　注：以上数据均来源于《中国气象灾害大典·江西卷》[99]。

　　根据鄱阳湖流域气象站点计算出的 SPEI 和 SPI 两种干旱指数对比《中国气象灾害大典·江西卷》[99] 中的相关统计数据，将两种干旱指数小于 0.5 的记为发生一次干旱，对比结果如表 3.5 所示。结果显示：SPEI 表征的干旱发生状况与实际吻合率较高，平均吻合率为 71.58%，比 SPI 表征的干旱发生状况的实际吻合率 64.88% 要高。研究结果表明，选用 SPEI 和 SPI 两种干旱指数在鄱阳湖流域的代表气象站点中，SPEI 表征各种时间尺度的气象干旱效果更好，在后续的研究中，都会利用 SPEI 来研究鄱阳湖流域年际和季节干旱、未来时期的鄱阳湖流域干旱演变特征的评估。

表 3.5　鄱阳湖流域代表气象站点两种干旱指数与实际干旱状况吻合百分率

气象站点	波阳	广昌	贵溪	赣州	吉安	景德镇	南昌
SPEI/%	72.14	67.81	81.51	79.37	73.94	67.10	57.43
SPI/%	65.16	62.66	73.46	64.52	69.54	65.00	54.49

气象站点	南城	遂川	修水	宜春	玉山	樟树	
SPEI/%	67.11	70.37	72.79	76.39	74.07	70.55	
SPI/%	62.20	60.13	69.93	66.67	65.36	64.38	

3.4 本 章 小 结

本章通过利用线性趋势回归分析、M-K 突变检验和累积距平等方法得出了鄱阳湖流域气温和降水年际和季节时空变化特征，并用研究区及周边 38 个气象站点，选用 SPEI 和 SPI 两种干旱指数分别计算了 1 个月、3 个月、6 个月、12 个月、24 个月时间尺度气象干旱，并与《中国气象灾害大典·江西卷》[99]统计的气象干旱发生的实际情况进行对比分析，研究了两种干旱指数在鄱阳湖流域的适用性，得到的结论如下：

（1）鄱阳湖流域年平均气温以 0.20℃/10a 的速率呈现显著上升趋势，高于全球的温度升高速率（0.13℃/10a），对于全球气候变化的响应较为敏感。在年代际上，鄱阳湖流域年平均气温从 20 世纪 60 年代开始降低，至 20 世纪 80 年代最低，之后持续增加。其中，20 世纪 90 年代到 21 世纪初十年时期的增温幅度最快。在季节尺度上，鄱阳湖流域的四季气温变化与年际变化一致，都呈现增加趋势，增温速率依次为冬季>春季>秋季>夏季，表明春季和冬季出现增温对鄱阳湖流域气温变暖的影响较大。

（2）鄱阳湖流域年降水量以 30.61mm/10a 的速率呈现增加趋势，具有很强的波动性且年降水分布不均。鄱阳湖流域年代际尺度上降水量呈现"增加—减少—增加"的变化，降雨量累积距平波动性较大，仅在 20 世纪 90 年代降雨量呈现增加趋势。在季节尺度上，除春季降水量呈减少趋势，夏季、秋季、冬季均呈增加趋势，变化速率为夏季>秋季>冬季>春季，其中春夏两季降水量变化明显。两季降水在季节尺度上波动剧烈，更容易引发干旱和洪涝等自然灾害。

（3）通过对比分析 SPI 和 SPEI 两种指数对鄱阳湖流域短、中、长期尺度干旱的表征状况，发现 SPEI 在计算三种时间尺度的干旱频率时普遍偏低，仅 24 个月尺度在部分站点相同。综合结果表明，SPI 较 SPEI 表征鄱阳湖流域干旱能力稍弱。

（4）根据鄱阳湖流域代表气象站点计算出的月尺度 SPEI 和 SPI，对比统计数据，SPEI、SPI 表征的干旱状况与实际平均吻合率为 71.58% 和 64.88%。因此，选用 SPEI 能够较为准确地表征鄱阳湖流域气象干旱年际和季节变化、时空分布、干旱指标评估等特征。

第4章　鄱阳湖流域 1961～2018 年气象干旱特征分析

标准化降水蒸散发指数（SPEI）是在标准化降水指数（SPI）的基础上发展而来的表征干旱现象的指数，该指数不仅考虑了温度及降水的影响，还综合考虑了蒸散作用，继承了 PDSI 对蒸散量的敏感性和 SPI 的长序列尺度及计算的简便性，适用于多尺度和多空间的比较，能够更灵敏地反映出气候变暖背景下的干旱新特征。本章利用鄱阳湖流域气象站点 1961～2018 年的 SPEI 值，对年尺度和季节尺度下干旱频率、影响范围和干旱强度的时空变化特征进行分析。

4.1　干旱指数变化特征分析

4.1.1　时间变化特征

4.1.1.1　年尺度变化特征

图 4.1 为鄱阳湖流域年尺度 SPEI 年际变化过程。鄱阳湖流域年尺度 SPEI 值在 1961～2018 年间呈微弱上升趋势，线性倾向率为 0.05/10a，表明鄱阳湖流域整体呈现不明显湿润化趋势。从图 4.1 中可以看出，鄱阳湖流域有四个时段发生了连续干旱，分别是 20 世纪 60 年代、70 年代末、80 年代后半段和 21 世纪初十年左右。干旱最严重的五个年份分别是 1963 年、1971 年、1978 年、2007 年和 2011 年，其中，1963 年的 SPEI 值为 -1.97，为历年最小值，发生了重度干旱；最湿润的五个年份分别是 1975 年、2015 年、2012 年、2010 年和 1997 年，其中，最大值出现在 1975 年（SPEI 值为 1.72）。由于原始 SPEI 时间序列存在短期的波动，线性趋势只能反映整体变化趋势，不能很好体现 SPEI 随时间的变化趋势，因此，对原始 SPEI 时间序列数据进行平滑处理。由五年滑动平均曲线可知，鄱阳湖流域存在干湿转折变化。20 世纪 60 年代鄱阳湖流域表现为干旱状态，后期干旱有轻微缓解趋势，70 年代由干旱转为湿润并呈现干湿交替状态，至 90 年代流域表现为湿润状态。但从 2000 年左右 SPEI 值又呈现显著下降趋势，干旱又趋于加剧。近 10 年干旱与湿润交替，且波动较大。

为了进一步揭示鄱阳湖流域干旱的时间变化规律，利用 M-K 检验对鄱阳湖流域1961～2018 年年尺度 SPEI 系列进行分析，结果如图 4.2 所示。图 4.2 中 UF 为正序列统计量，UB 为反序列统计量值，若 UF 大于 0，表示时间序列有下降的趋势，反之亦然；当 UF 值超过显著性水平临界线时，则表示序列上升或下降趋势显著，本书显著性水平取为 0.05。由 UF 曲线可知，58 年内鄱阳湖流域年尺度 SPEI 经历了下降和上升的趋势，其中 UF 值在

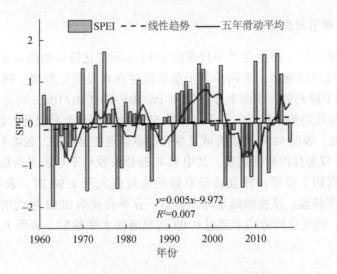

图 4.1　鄱阳湖流域年尺度 SPEI 年际变化图

1969 年之前为负值，表明 SPEI 在此期间呈下降趋势，呈现变干趋势；1969 年之后，UF 值均大于 0（除 1991 年），说明 SPEI 在此期间总体呈上升趋势，呈现变湿趋势。从累积距平可以看出，SPEI 值在 20 世纪 60 年代及 21 世纪初十年呈下降趋势，是干旱灾害发生频率较高的时段；在 20 世纪 90 年代上升趋势明显，这一阶段是洪涝灾害比较严重的时段。

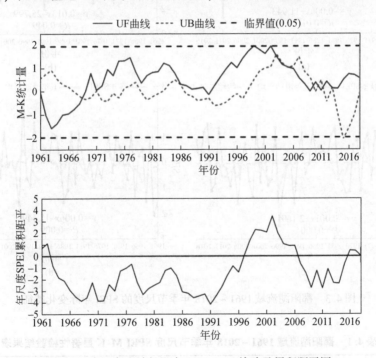

图 4.2　鄱阳湖流域年尺度 SPEI M-K 检验及累积距平图

4.1.1.2 季节尺度特征

鄱阳湖流域 1961～2018 年季节尺度的 SPEI 年际变化特征如图 4.3 所示。由季节尺度 SPEI 的年际变化可以看出，不同季节干湿状况存在相反变化趋势。鄱阳湖流域春季和秋季 SPEI 呈微弱下降趋势，倾向率分别为 –0.06/10a 和 –0.01/10a，表明 58 年内该流域春季和秋季具有干旱化趋势；相反，夏季和冬季 SPEI 呈不明显上升趋势，倾向率分别为 0.13/10a 和 0.06/10a，表明 58 年内该流域夏季和冬季呈现变湿趋势。表 4.1 为鄱阳湖流域季节尺度 SPEI M-K 显著性检验结果表，其中 M-K 趋势系数小于 0 表明指数呈下降趋势，即干旱化，反之，则趋于湿润；并且趋势系数的绝对值大于 1.96 时，表明变化趋势通过了 0.05 显著性水平检验。从检验结果可以看出，春季和秋季 SPEI 呈现增加态势，夏季和冬季呈变湿趋势，但变化趋势均未通过 0.05 的显著性水平检验，表明上升与下降趋势均不显著。

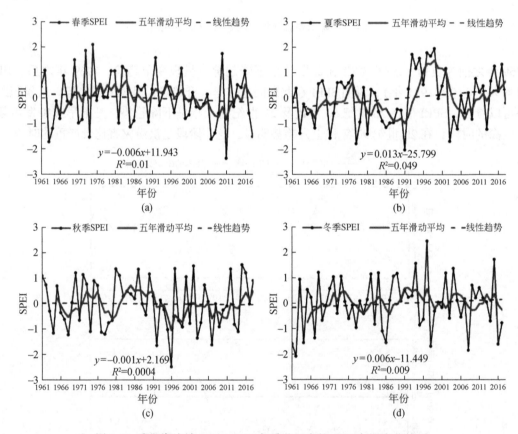

图 4.3　鄱阳湖流域 1961～2018 年季节尺度的 SPEI 年际变化特征

表 4.1　鄱阳湖流域 1961～2018 年季节尺度 SPEI M-K 显著性检验结果表

季节	春季	夏季	秋季	冬季	$Z_{\alpha=\pm0.05}$
检验结果	–0.58	1.52	–0.21	0.64	±1.96

　　为了进一步揭示鄱阳湖流域季节尺度 SPEI 的时间变化规律，利用 M-K 检验对鄱阳湖流域 1961~2018 年季节尺度 SPEI 系列进行分析，结果如图 4.4 所示。从春季 UF 曲线可知，春季 SPEI 呈现先减少后增加再减少的趋势，在显著性水平 0.05 的临界线之间，UF、UB 曲线相交于 2000 年，表明了鄱阳湖流域自 2000 年之后干旱开始加剧；春季 SPEI 累积距平可以看出，春季 SPEI 在 20 世纪 60 年代及 21 世纪初呈下降趋势，是春旱发生频率较高的时段，58 年来春季最干旱的年份发生在此时段，为 2011 年，其 SPEI 值为-2.37，在其他年代春季 SPEI 呈上升趋势。由夏季 UF 曲线变化可知，夏季 SPEI 呈现减少—增加—减少—增加的趋势，在置信区间内，UF 和 UB 曲线相交于 1991 年，可知 1991 年是鄱阳湖流域夏季湿润化突变的开始；从夏季 SPEI 累积距平可以看出，夏季 SPEI 在 20 世纪 60 年

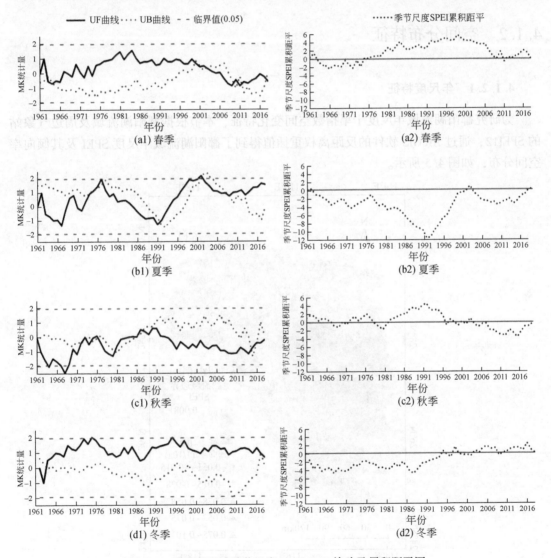

图 4.4　鄱阳湖流域季节尺度 SPEI M-K 检验及累积距平图

代及 80 年代后半段至 90 年代初呈下降趋势，是夏旱发生频率较高的时段，最小夏季 SPEI 发生在此时段的 1991 年，其 SPEI 为-2.02，在 90 年代以后夏季 SPEI 上升趋势明显。秋季 UF 曲线变化显示了秋季 SPEI 呈现减少—增加—减少的趋势，UF 和 UB 曲线交于 1988 年，可知 1988 年是鄱阳湖流域秋季干旱突变的开始；从冬季累积距平可以看出，秋季 SPEI 在 20 世纪 60 年代、90 年代初及 21 世纪初呈下降趋势，是秋旱发生频率较高的时段，近 58 年来秋季最干旱的年份发生在此时段，为 1996 年，其 SPEI 为-2.48，在 80 年代秋季 SPEI 上升趋势明显。冬季 UF 值均大于 0，表明冬季 SPEI 呈现增加的趋势，呈现变湿趋势，无突变点；从冬季累积距平可以看出，冬季 SPEI 总体保持平稳状态，仅在 20 世纪 80 年代末至 90 年代初呈明显上升趋势。

4.1.2　空间分布特征

4.1.2.1　年尺度特征

为研究鄱阳湖流域年尺度干旱指数空间变化特征，本节根据鄱阳湖流域及周边气象站的 SPEI12，通过 ArcGIS 软件的反距离权重插值得到了鄱阳湖流域年尺度 SPEI 及其倾向率空间分布，如图 4.5 所示。

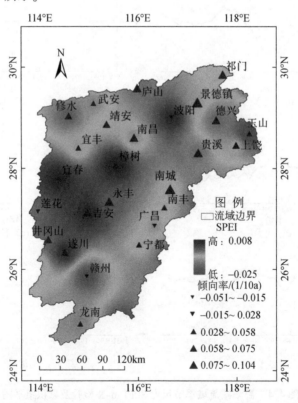

图 4.5　鄱阳湖流域 1961~2018 年年尺度 SPEI 及其倾向率空间变化

从多年平均年尺度 SPEI 空间分布可以看出，鄱阳湖流域多年平均年尺度 SPEI 总体表现为赣江中游及湖区的 SPEI 值高于流域的西南、西北及东北部，低值区主要分布在修水、玉山和赣州等区域。从倾向率的分布可以看出，年尺度 SPEI 表现为上升趋势站点数大于下降趋势的站点数，即鄱阳湖流域 58 年内整体呈湿润化趋势。流域内 26 个气象站点有 22 个站点年尺度 SPEI 呈不明显的变湿趋势，仅有赣州、广昌、波阳和莲花四个站点呈微弱的干旱化趋势，但是所有站点都没有通过 $\alpha = 0.05$ 的显著性检验，变化趋势均不显著。从空间差异来看，干旱化站点分布较为零散，主要集中在流域南部、西部及湖区的局部区域，因此，今后需加大这些地区干旱监测。同时，考虑到赣州地区既是 SPEI 低值区，也是干旱化区域，发生干旱风险较大，应重点关注。整体而言，鄱阳湖流域近 58 年来年尺度 SPEI 有增加趋势，说明鄱阳湖流域大部分地区将出现偏湿状态，干旱将有所缓解。

4.1.2.2　季节尺度特征

鄱阳湖流域季节 SPEI 及其倾向率的空间特征，如图 4.6（a）～（d）所示。从春季 SPEI 的空间分布可以看出，鄱阳湖流域春季多年平均 SPEI 总体表现为流域北部高于西北部及东部，低值区主要分布在修水、贵溪和广昌等区域。从倾向率的分布可以看出，流域各站点春季 SPEI 呈下降趋势，仅龙南站呈现上升趋势，表明鄱阳湖流域 58 年内春季整体呈不同程度的干旱化趋势。其中流域西南部的宜春站下降趋势最大，为 –0.114/10a，在东北部的贵溪站下降趋势最小，为 –0.006/10a。但是所有站点都没有通过 $\alpha = 0.05$ 的显著性检验，即变化趋势均不显著。干旱化站点几乎分布在整个流域，意味着 SPEI 低值区今后干旱风险加大。考虑到流域西北部、湖区及东部区域既是 SPEI 低值区，同时也是干旱化区域，发生干旱风险较大，因此，春季需重点加大这些地区干旱监测与防范。

鄱阳湖流域夏季多年平均 SPEI 总体表现为流域西北部高、西南部低，低值区主要分布在莲花、赣州、波阳和玉山等区域。从倾向率的分布可以看出，流域内 26 个气象站点有 23 个站点夏季 SPEI 呈不明显的上升趋势，有五个站点达到了 0.1 以上显著性水平，其中，景德镇站的上升趋势最为显著，倾向率为 0.173/10a，达到了 0.05 显著性水平，仅有龙南、广昌和莲花三个站点呈微弱的下降趋势。总体上，鄱阳湖流域 1961～2018 年夏季 SPEI 呈现湿润化趋势较为明显。从变化趋势的空间差异来看，干旱化站点分布较为零散，主要集中在流域西南部，因此，夏季需关注该地区干旱监测与防范。

从秋季 SPEI 的空间分布可以看出，鄱阳湖流域秋季多年平均 SPEI 大体表现为北高南低，低值区主要分布在南昌、景德镇和武宁等区域。从倾向率的分布可以看出，秋季 SPEI 表现为下降趋势站点数大于上升趋势站点数，流域内 26 个气象站点有 16 个站点秋季 SPEI 呈不明显的下降趋势，其中流域南部的龙南站下降趋势最大，为 –0.13/10a，达到了 0.1 以上显著性水平，其他站点都没有通过 $\alpha = 0.05$ 的显著性检验，即变化趋势均不显著。总体来说，鄱阳湖流域 58 年内秋季整体呈不同程度的干旱化趋势。从变化趋势的空间差异来看，干旱化站点主要集中在流域南部及东北部，尤其是北部的武宁地区既是 SPEI 低值区，同时也是干旱化区域，因此，秋季需加大这些地区干旱监测与防范。

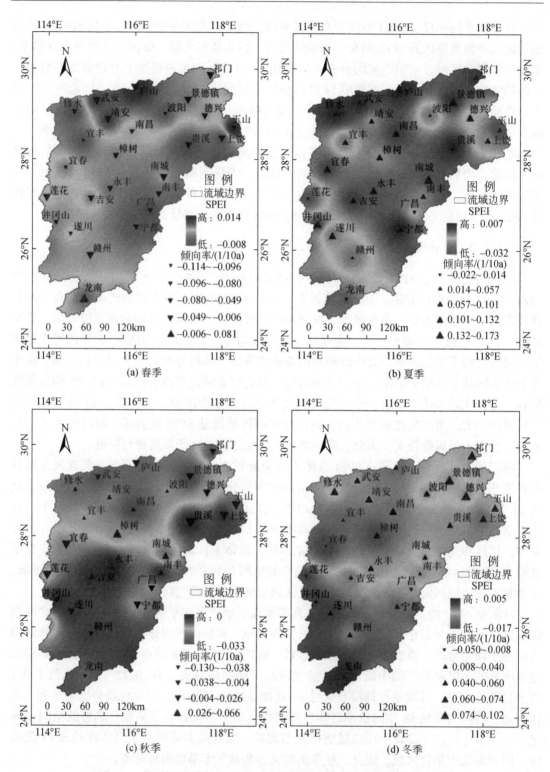

图 4.6　鄱阳湖流域 1961～2018 年季节尺度 SPEI 及其倾向率空间变化

从冬季 SPEI 的空间分布可以看出，鄱阳湖流域冬季多年平均 SPEI 大致表现为流域西北部低、西南部高，低值区主要分布在宜春、樟树和上饶等区域。从倾向率的分布可以看出，流域各站点冬季 SPEI 呈上升趋势，仅莲花站、宜春站及广昌站呈现下降趋势，表明鄱阳湖流域冬季整体呈湿润化趋势，但是所有站点变化趋势均不显著。冬季 SPEI 趋势变化表明鄱阳湖流域冬季干旱低值区今后普遍呈现出湿润化趋势，降低了冬季干旱风险。从变化趋势的空间差异来看，干旱化站点主要集中在宜春及萍乡地区，因此，冬季需加强这些地区干旱监测。

4.2　干 旱 频 率

4.2.1　时间变化特征

4.2.1.1　年尺度特征

根据表 2.4 中 SPEI 评估等级，统计鄱阳湖流域内气象站点 1961～2018 年 SPEI 值，得到流域不同等级干旱频率，结果见图 4.7。从图 4.7 中可以看出，1961～2018 年鄱阳湖流域平均干旱频率为 32.76%，不同等级干旱发生的频率总体呈减少趋势，其中，轻度干旱频率最高，中度干旱与重度干旱次之，极度干旱最少。可见，鄱阳湖流域易发生轻度干旱和中度干旱，这与鄱阳湖流域实际情况基本吻合。根据相关资料统计，江西每年有不同程度干旱灾情发生，轻度以上旱情每年都有发生，中度以上旱情每 2～3 年有一次，特大干旱灾害每 10 年中有一次[107]。总体上看，鄱阳湖流域干旱频率最高的年代为 21 世纪初十

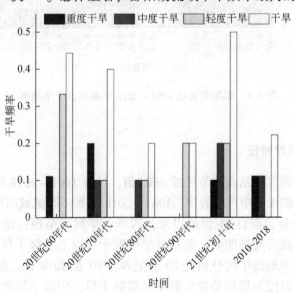

图 4.7　鄱阳湖流域 1961～2018 年不同年代干旱频率

年和20世纪60年代，干旱频率分别为50%和44%，2010~2018年重度干旱频率有所升高。

图4.8为鄱阳湖流域各个站点不同程度干旱频率变化。鄱阳湖流域各地区的干旱频率都大体一致，主要集中在27.59%~39.66%。其中，广昌干旱频率最高，达到了39.66%，修水干旱频率最低，为27.59%。鄱阳湖流域各个站点58年内发生干旱的频率为轻度干旱>中度干旱>重度干旱>极度干旱，极度干旱所占比例最低，各站点发生极度干旱的比例均未超过6%，在以波阳、吉安、遂川、德兴站为代表的湖区、赣江中游及饶河上游一带发生频率相对较高，修水流域及流域西部等11个站点干旱频率为0；轻度干旱频率所占比例最高，最大值发生在广昌站（24.1%）。此外，从图4.8可以看出，鄱阳湖流域年尺度干旱主要以轻度干旱和中度干旱为主，随着干旱等级升高，干旱频率降低。

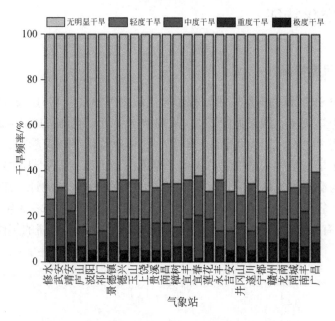

图4.8　鄱阳湖流域1961~2018年各站点干旱频率

4.2.1.2　季节尺度特征

根据鄱阳湖流域内气象站点季节尺度SPEI值，计算1961~2018年四季干旱频率，结果如图4.9所示。从图4.9中可以看出，1961~2018年鄱阳湖流域四季不同等级干旱发生的频率总体呈减少趋势，但自21世纪以来，四季干旱频率呈现一定升高态势，特别是，春季干旱频率这个阶段升高最明显，而且发生中度干旱以上等级干旱频率显著提高。夏、秋和冬季发生干旱频率最高年代分别是20世纪60、80及90年代。从不同等级干旱在四季的分布可以看出，轻度干旱均是发生频率最高的干旱，中度干旱次之，极度干旱最低。此外，春季和夏季是发生轻度干旱最频繁的季节（19%），秋季是发生中度干旱最多的季节（13.8%），冬季是发生重度干旱最多的季节（6.5%）。

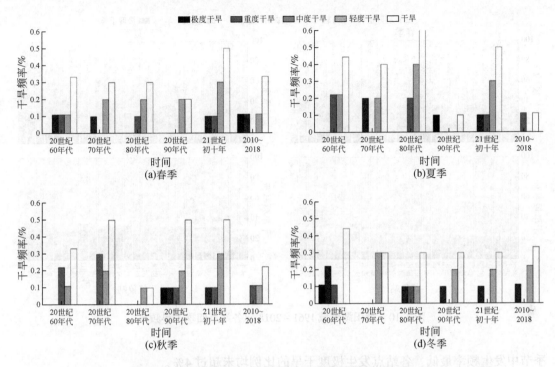

图4.9　鄱阳湖流域1961～2018年四季不同年代干旱频率

图4.10为鄱阳湖流域各个站点各季节不同程度干旱频率变化。总体来看，1961～2018年鄱阳湖流域四季与年尺度干旱特征基本一致，主要以轻度干旱和中度干旱为主，且随着干旱等级升高，干旱频率降低，极度干旱所占比例最低，各站点极度干旱频率均未超过6%。就不同季节各站点干旱频率而言，鄱阳湖流域发生干旱频率最高的季节是春季（33.29%），其次为秋季（33.22%），冬季最低（29.84%），但总体而言差异不大。

1961～2018年鄱阳湖流域各站点春季轻度、中度、重度及极度干旱的平均频率分别为18.97%、8.09%、3.65%和2.59%，其中，轻度干旱是四季发生频率最高的。轻度干旱中，南丰站干旱频率最高，为24.14%，最低为吉安站，为13.79%；各个站点中度干旱频率差异不大，主要集中在5.18%～13.79%，干旱频率最高的为宁都站；重度干旱频率较低，最高值出现在井冈山站；除井冈山和南丰站外，其他各站均发生了极度干旱，其中，庐山、波阳站发生极度干旱频率最高。

鄱阳湖流域1961～2018年夏季发生干旱的频率为轻度干旱>中度干旱>重度干旱>极度干旱，极度干旱所占比例最低，轻度、中度、重度和极度干旱的平均频率分别为14.99%、9.28%、5.37%和1.79%。各个站点轻度干旱频率差异较大，干旱频率最高的为南昌、贵溪、修水和武宁站，最低的发生在祁门站。相较春季干旱，夏季中度、重度干旱频率升高，而轻度、极度干旱频率降低，各站点发生极度干旱的比例均未超过4%。

鄱阳湖流域各个站点在秋季发生干旱的频率为33.22%，樟树站的干旱频率最高，为39.66%。秋季轻度、中度、重度和极度干旱的平均频率分别为14.72%、11.67%、5.11%和1.72%。其中，中度干旱是四个季节中发生频率最高的，而极度干旱频率在四个

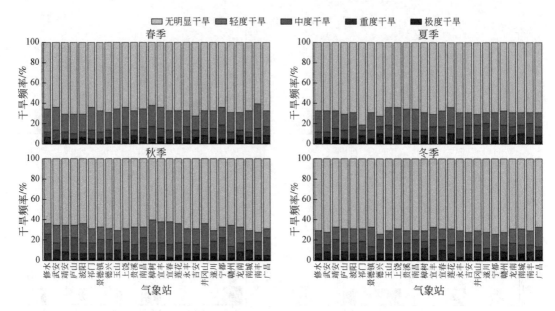

图 4.10　鄱阳湖流域 1961～2018 年各站点四季干旱频率

季节中发生频率最低，各站点发生极度干旱的比例均未超过 4%。

鄱阳湖流域冬季干旱为四季中干旱频率最低，为 29.84%。轻度、中度、重度和极度干旱的平均频率分别为 12.6%、9.81%、5.44% 和 1.99%，其中，轻度干旱频率在四个季节中发生频率最低，重度干旱是四个季节中发生频率最高的，重度干旱频率最高的是樟树站。

4.2.2　空间变化特征

4.2.2.1　年尺度特征

为研究鄱阳湖流域气象干旱频率的空间分布特征，本节根据鄱阳湖流域及周边气象站干旱频率，通过 ArcGIS 软件的反距离权重插值得到了鄱阳湖流域 58 年（1961～2018 年）内尺度干旱频率及各等级干旱频率空间分布图，如图 4.11、图 4.12 所示。58 年内鄱阳湖流域各站点干旱频率在 27.59%～39.66%，流域年尺度干旱频率整体上呈现"中部及东北部高、南部及西北部低"的分布特征。干旱频率的高值区域主要位于两处，即以广昌、宜春站为中心的流域中部区域以及以祁门、德兴及玉山站为代表的流域东北一带（36.03%～39.66%），流域西北部的修水及南部的赣州发生干旱频率较其他地区低，但流域内 26 个站点干旱频率平均值为 33.22%，最低值 27.59%，表明鄱阳湖流域各地受干旱影响比较大。

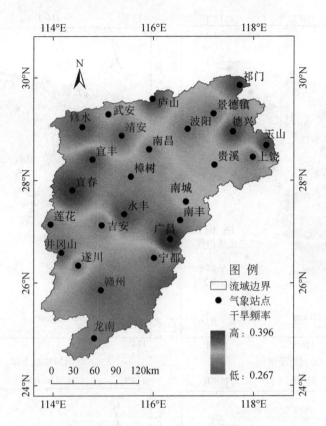

图 4.11　鄱阳湖流域 1961～2018 年干旱频率空间分布图

　　鄱阳湖流域年尺度不同等级干旱频率空间分布如图 4.12（a）～（d）所示。从空间上看，不同等级干旱频率的地区差异明显，干旱程度从无明显干旱到极度干旱均存在。其中，轻度干旱频率在 6.9%～24.14% 波动，大致分布在流域中部、湖区及东北部，高值区位于广昌、永丰一带，低值区分散位于流域西北部的修水、靖安和南部的赣州等地；中度干旱频率在 5.17%～18.97% 波动，主要集中在流域西北部及东北部，高值区分布在以宜春站为中心的西北部，发生频率达 18.97%，湖区、赣江中上游、饶河上游及抚河上游中度干旱频率较低；重度干旱频率波动范围在 1.72%～8.62%，主要集中在流域的西北—东南一线及流域南部，高值区分散位于流域南部的龙南、赣州，抚河上游的广昌，西北部的靖安，东南部的景德镇以及西部的莲花；极度干旱频率较低，主要分布在流域东北部以及赣江中游及湖区小部分区域，饶河上游的德兴、湖区的波阳以及赣江中游的吉安和遂川等地区发生频率相对较高。鄱阳湖流域三面环山，区域内属亚热带湿润季风气候，地形总体上呈现由南向北地势降低，造成了降水和气温等气象要素在时空上分布不均，由此流域干旱分布表现出区域性和复杂性。

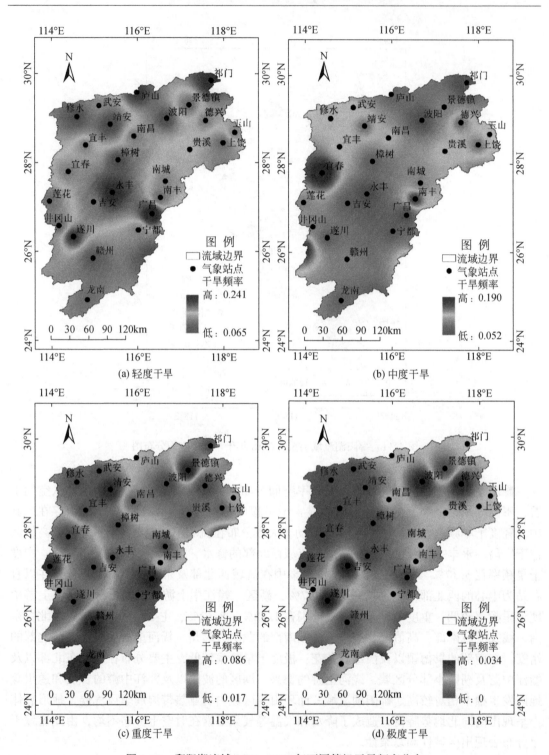

图 4.12　鄱阳湖流域 1961～2018 年不同等级干旱频率分布

4.2.2.2　季节尺度特征

为研究鄱阳湖流域四季气象干旱频率的空间分布特征，根据鄱阳湖流域及周边气象站四季干旱频率，通过 ArcGIS 软件的反距离权重插值得到了鄱阳湖流域 1961～2018 年四季干旱频率及各等级干旱频率空间分布图，如图 4.13～图 4.17 所示。鄱阳湖流域四季干旱频率空间分布图（图 4.13）表明，鄱阳湖流域 58 年内干旱频率地区差异较大且分布不平衡，干旱程度从无明显干旱到极度干旱均有发生。

从图 4.14 中可以看出，1961～2018 年鄱阳湖流域春季干旱频率在 27.59%～39.66% 波动，春季干旱频率整体呈中东和西北部高、西南和东北部偏低的空间分布特征，干旱频率的高值区域主要位于以南丰、樟树为中心的流域中东部区域，流域南部及湖区发生干旱频率较其他地区低。轻度干旱频率波动范围为 13.79%～24.14%，总体呈北高南低态势，最高值出现在流域东部的南丰，另外一个高值在西北部的修水和武宁一带。中度干旱频率波动范围为 5.17%～13.79%，从东向西高值与低值相间分布，高值区分布在宁都–永丰–樟树一带以及上饶–玉山一带，最高值出现在宁都。重度干旱频率波动范围为 0～8.62%，总体呈现中间低、两侧高的分布特征，最高值在井冈山，最低值在武安和庐山。极度干旱频率波动范围为 0～5.17%，总体呈现南北高、中间低的态势，最高值在南部的井冈山和湖区的波阳和庐山，最低值在井冈山和南丰。

从图 4.15 中可以看出，1961～2018 年鄱阳湖流域夏季干旱频率在 18.97%～36.21% 波动，除信江上游祁门夏季干旱发生的频率较低外，其余地区干旱发生的频率均较高，最高值在玉山–上饶一带以及西部的莲花。轻度干旱频率波动范围为 5.17%～20.69%，从西南向东北高值与低值相间分布，高值区分布在西北部的修水和武宁、赣江下游的南昌以及东北部的贵溪，最低值出现在祁门。中度干旱频率波动范围为 5.17%～13.79%，从西向东高值与低值相间分布，高值区分布在西南部的井冈山–遂川一带以及东部的南丰。重度干旱频率波动范围为 1.72%～10.34%，总体呈现中部和南部高、北部低的分布特征，最高值在东部的南城，最低值在北部边缘的修水和庐山。极度干旱频率波动范围为 0～3.45%，从北向南高值与低值相间分布，高值区分布在北部的修水–靖安–武宁–庐山一带、东北部的景德镇–德兴以及东南部的宁都，最低值在南部的赣州–遂川一带以及东部的南丰–南城。

从图 4.16 中可以看出，1961～2018 年鄱阳湖流域秋季干旱频率在 27.59%～39.66% 波动，秋季干旱频率整体呈西北高、东南低的分布特征，干旱频率的高值区域主要位于以樟树、宜丰和宜春为中心的流域西北部区域，最低值在流域东部的南丰。轻度干旱波动范围为 8.62%～24.14%，总体呈西高东低态势，最高值出现在流域西部的樟树、宜春及井冈山一带，最低值在流域东部的南丰、广昌一带。中度干旱波动范围为 5.17%～18.97%，总体呈现西北及东南高、中间低的分布特征，最高值出现在流域西北部的修水，另外一个高值在东南部的广昌和宁都一带。重度干旱频率波动范围为 1.72%～8.62%，总体呈现南北高、中部低的分布特征，最高值出现在西北部的武宁和靖安、东北部的玉山和南丰以及南部的龙南，最低值在西部边缘的莲花和宜春。极度干旱频率波动范围为 0～3.45%，除修水、靖安、南昌以及南部的龙南等局部区域外，其他地区均出现不同程度极度干旱，高

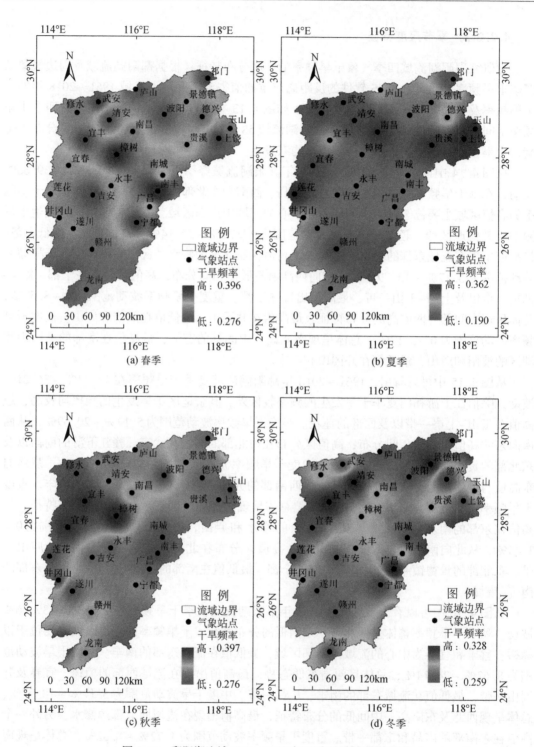

图 4.13 鄱阳湖流域 1961～2018 年四季干旱频率分布图

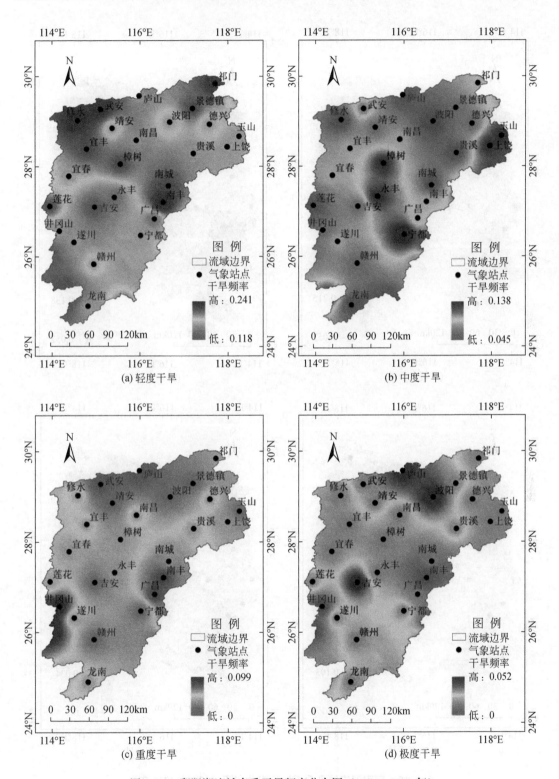

图4.14　鄱阳湖流域春季干旱频率分布图（1961~2018年）

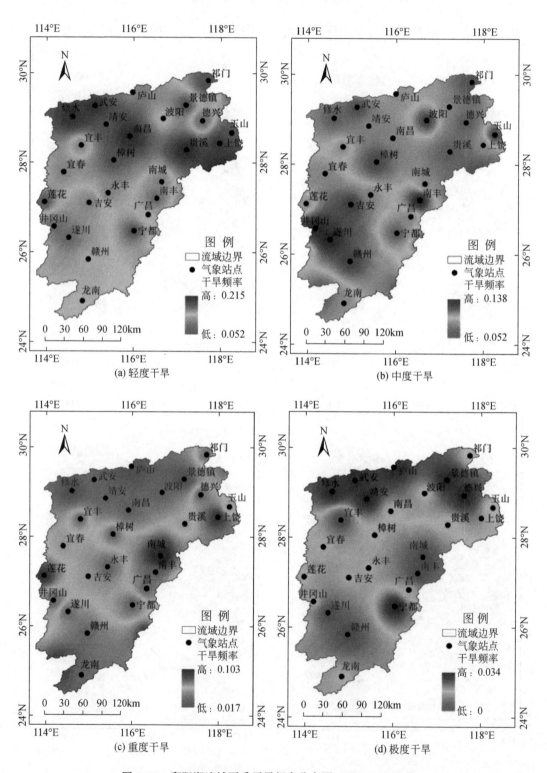

图 4.15　鄱阳湖流域夏季干旱频率分布图（1961～2018 年）

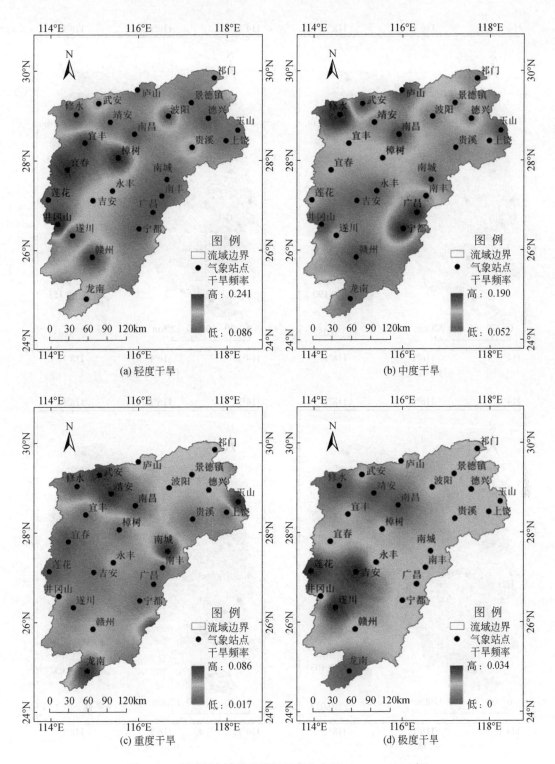

图 4.16　鄱阳湖流域秋季干旱频率分布图（1961～2018 年）

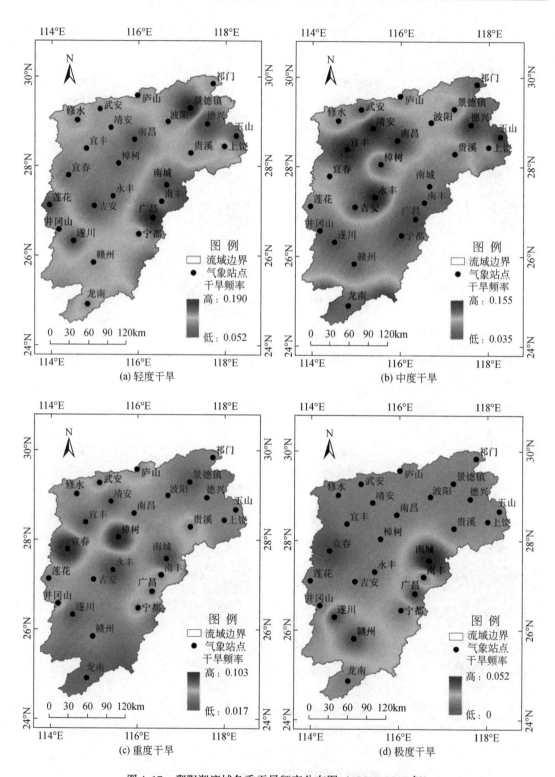

图 4.17　鄱阳湖流域冬季干旱频率分布图（1961~2018 年）

值区分布在西部的莲花–吉安–遂川一带。

从图 4.17 中可以看出，1961~2018 年鄱阳湖流域冬季干旱频率在 25.86%~32.76% 波动，冬旱频率整体呈北高南低的空间分布特征，高值区主要出现在西北部的宜丰–靖安一带、东北部的景德镇以及东部的广昌，最低值在宁都与德兴一带。轻度干旱波动范围为 5.17%~18.97%，高值区分布在东北部的景德镇以及东部的广昌一带，最低值出现在德兴–玉山以及南昌–吉安一带。中度干旱波动范围为 3.45%~15.52%，高值区主要分布在流域东北部、中部偏北地区及南部边缘地带，以靖安、宜丰及永丰发生频率最高，最低值在广昌及宁都一带。重度干旱频率波动范围为 1.72%~10.34%，在宜春与樟树分别形成了两个高值中心，流域其他地区发生重度干旱频率较低。极度干旱频率波动范围为 0~5.17%，总体呈东南高、西北低的空间分布特征，高值区分布在东部的南城–南丰以及南部的赣州–遂川一带，最低值在西部的宜春。

4.3　干旱站次比

4.3.1　年尺度特征

以发生干旱站点数占总站点数的百分比（干旱站次比）表征干旱发生范围，根据鄱阳湖流域内气象站点 1961~2018 年 SPEI 序列，计算流域 58 年内不同时间尺度干旱站次比，结果如图 4.18 所示。由干旱站次比变化图可知，鄱阳湖流域平均干旱站次比为 39.32%，年际差异明显，其中，共有九年干旱站次比为 0；最高值出现在 1963 年，为 100%，说明该年流域内发生全域性干旱。在 58 年内流域年尺度干旱站次比呈微弱减少趋势，线性倾向率为 0.243/10a，但在 21 世纪以来干旱站次比呈现增加态势，表明鄱阳湖流域年尺度干旱发生范围在波动中呈不断减少趋势，而自 21 世纪以来鄱阳湖流域干旱影响范围呈扩大化趋势。为了进一步揭示鄱阳湖流域干旱站次比的时间变化规律，利用 M-K 检验对流域 1961~2018 年年尺度干旱站次比系列进行分析（图 4.18）。由 UF 曲线可知，58 年内鄱阳湖流域干旱站次比总体呈下降趋势，其中，UF 值在 1969 年之前为正值，表明干旱站次比在此期间呈上升趋势，干旱范围呈现扩大趋势；1969 年之后，UF 值均小于 0，说明干旱站次比在此期间呈下降趋势，干旱范围呈缩减趋势，特别是在 1997~2002 年干旱站次比下降显著。

鄱阳湖流域干旱类型如表 4.2 所示，从表中可以看出，在 1961~2018 年间，鄱阳湖流域在发生干旱的年份里，主要以全域性干旱和局域性干旱为主。鄱阳湖流域共发生四次区域性干旱，分别在 20 世纪 60 年代、80 年代、90 年代以及 21 世纪初各发生一次；21 世纪初发生部分区域性干旱一次；局域性干旱多发生在 20 世纪 60、80、90 年代和 21 世纪初，有 14 年出现局域性干旱；流域共有 19 年干旱影响范围超过了全区域面积的 50%，即发生全域性干旱，其中 21 世纪前，全域性干旱主要发生在 20 世纪 60 年代及 70 年代，进入 21 世纪后，大范围干旱发生事件频繁发生，说明鄱阳湖流域干旱影响范围呈扩大化趋势。

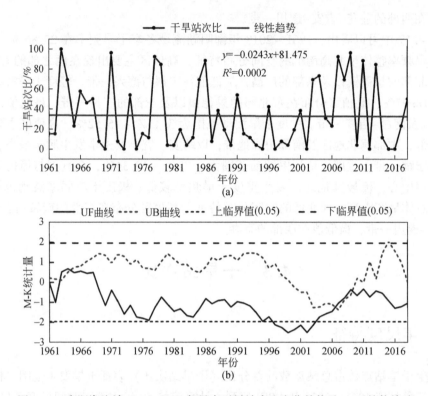

图 4.18　鄱阳湖流域 1961～2018 年尺度干旱站次比变化趋势及 M-K 趋势检验

表 4.2　鄱阳湖流域 1961～2018 年干旱类型

干旱类型	无明显干旱	局域性干旱	部分区域性干旱	区域性干旱	全域性干旱
年数/年	20	14	1	4	19
占比/%	34.48	24.14	1.72	6.90	32.76

4.3.2　季节变化特征

根据鄱阳湖流域内各气象站点 1961～2018 年 SPEI 值序列，计算流域四季逐年干旱站次比，如图 4.19 所示。由四季干旱站次比变化可以看出，58 年内流域不同季节干湿状况存在相反变化趋势。鄱阳湖流域春季及秋季干旱站次比呈微弱增加趋势，倾向率分别为 1.29/10a 和 0.77/10a，表明 58 年内该流域春季和秋季干旱范围有扩大趋势；相反，夏季和冬季干旱站次比呈不明显减少趋势，倾向率分别为 2.34/10a 和 1.89/10a，表明 58 年内该流域夏季和冬季干旱范围呈现缩减趋势。

表 4.3 为鄱阳湖流域四季干旱站次比 M-K 显著性检验结果。从结果可以看出，鄱阳湖流域春季和秋季干旱站次比呈上升趋势，即干旱范围呈现扩大态势；夏季和冬季呈下降趋势，即干旱范围呈现缩减趋势，但变化趋势均未通过 0.05 的显著性水平检验，表明上升与下降趋势均不显著。

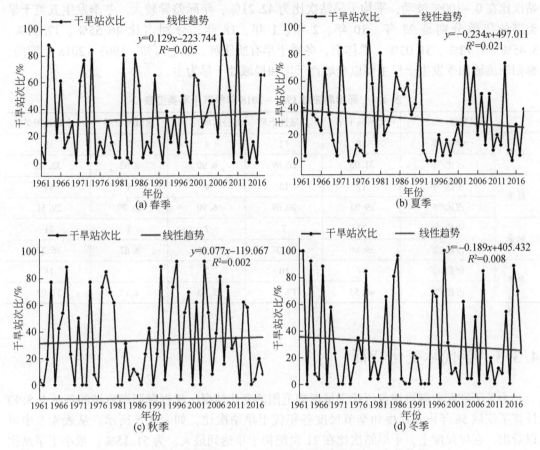

图 4.19　鄱阳湖流域 1961～2018 年四季干旱站次比变化趋势

表 4.3　鄱阳湖流域 1961～2018 年四季干旱站次比 M-K 显著性检验结果表

季节	春季	夏季	秋季	冬季	$Z_{\alpha=\pm0.05}$
检验结果	0.61	−0.93	0.55	−0.52	±1.96

　　鄱阳湖流域季节干旱类型如表 4.4 所示。在 1961～2018 年里，鄱阳湖流域春季干旱站次比在 0～96.15% 波动，平均干旱站次比为 40.22%，年际差异较大，最高值出现在 2007 年和 2011 年。春季发生无明显干旱、局域性干旱、部分区域性干旱、区域性干旱、全域性干旱的年数分别是 18 年、12 年、4 年、5 年、19 年，分别占总年数的 31.03%、20.69%、6.90%、8.62%、32.76%。夏季干旱站次比在 0～96.15% 波动，平均干旱站次比为 35.06%，年际差异较大，最高值出现在 1978 年。夏季发生五类干旱类型的年数分别是 17 年、12 年、4 年、8 年、17 年，分别占 29.31%、20.69%、6.90%、13.79%、29.31%。秋季干旱站次比在 0～92.31% 波动，平均干旱站次比为 43.79%，年际差异较大，最高值出现在 1996 年和 2003 年。秋季发生五类干旱类型的年数是 23 年、7 年、2年、5 年、21 年，分别占比为 39.66%、12.07%、3.45%、8.62%、36.21%。冬季干旱

站次比在 0 ~ 100% 波动，平均干旱站次比为 42.21%，年际差异较大。冬季发生五类干旱类型的年数分别是 27 年、10 年、2 年、1 年、18 年，分别占比 46.55%、17.24%、3.45%、1.72%、31.03%，总体上，冬季干旱有所缓解。综上可知，1961 ~ 2018 年期间，鄱阳湖流域四季发生干旱主要以全域性干旱和局域性干旱为主。

表 4.4　鄱阳湖流域 1961 ~ 2018 年季节干旱类型表

干旱类型		无明显干旱	局域性干旱	部分区域性干旱	区域性干旱	全域性干旱
春季	年数/年	18	12	4	5	19
	占比/%	31.03	20.69	6.90	8.62	32.76
夏季	年数/年	17	12	4	8	17
	占比/%	29.31	20.69	6.90	13.79	29.31
秋季	年数/年	23	7	2	5	21
	占比/%	39.66	12.07	3.45	8.62	36.21
冬季	年数/年	27	10	2	1	18
	占比/%	46.55	17.24	3.45	1.72	31.03

4.3.3　年代际变化特征

为了研究鄱阳湖流域各年代干旱影响范围的变化情况，根据鄱阳湖流域的各站点 SPEI 计算了流域 58 年内年尺度和季节尺度各年代干旱站次比，如表 4.5 所示。从表 4.5 中可以看出，在年尺度上，干旱站次比在 21 世纪初十年达到最大，为 51.15%，最小干旱站次比在 20 世纪 90 年代，为 14.23%；四季干旱站次比最大的发生在春季 21 世纪初十年、夏季 20 世纪 80 年代、秋季 20 世纪 90 年代和冬季 20 世纪 60 年代，分别为 53.08%、43.46%、44.23% 和 49.04%，最小的发生在春季 20 世纪 90 年代、夏季 20 世纪 90 年代、秋季 20 世纪 80 年代和冬季 21 世纪初十年。分别为 24.62%、18.46%、18.08% 和 25.38%。通过上述分析可知，年尺度和春季在 21 世纪初十年干旱影响范围最大，夏季、秋季、冬季则分别在 20 世纪 80 年代、20 世纪 90 年代和 20 世纪 60 年代干旱影响范围最大。

表 4.5　鄱阳湖流域年和季节尺度干旱站次比　　　　　　　　　（%）

年代	年干旱站次比	春季干旱站次比	夏季干旱站次比	秋季干旱站次比	冬季干旱站次比
20 世纪 60 年代	42.74	36.32	37.18	34.19	49.04
20 世纪 70 年代	36.15	29.23	30.77	36.15	26.15
20 世纪 80 年代	26.54	25.77	43.46	18.08	29.23
20 世纪 90 年代	14.23	24.62	18.46	44.23	27.69
21 世纪初十年	51.15	53.08	37.31	42.31	25.38
21 世纪 10 年代	29.06	30.77	20.94	23.50	28.21

4.4　干　旱　强　度

4.4.1　年尺度特征

以历年各站点发生轻度及以上干旱（SPEI≤−0.5）的 SPEI 值平均表征当年干旱强度，构建 1961~2018 年鄱阳湖流域年尺度干旱强度时间序列，如图 4.20 所示。由干旱强度变化趋势可以看出，1961~2018 年鄱阳湖流域干旱强度在 0.56~1.75 变化，其中，1963 年干旱强度最大，为 1.75，达到了重度干旱；1977 年干旱强度最小，为 0.56。1961~2018 年期间鄱阳湖流域有 31 年发生轻度干旱、16 年发生中度干旱、两年发生重度干旱。总体上，58 年内鄱阳湖流域年尺度干旱强度呈微弱减少趋势，倾向率为 0.01/10a，但是 20 世纪 90 年代中后期，尤其是进入 21 世纪以来干旱强度呈现增加态势。为了进一步揭示鄱阳湖流域干旱强度的时间变化规律，利用 M-K 检验对流域 1961~2018 年年尺度干旱强度系列进行分析（图 4.20）。由 UF 曲线可知，58 年内鄱阳湖流域干旱强度呈先下降后上升趋势，其中，UF 值在 1973~2006 年一直为负，说明干旱强度在此期间呈下降趋势，在 2006 年之后大于 0，表明干旱强度在此期间呈上升趋势，但变化趋势均不显著。

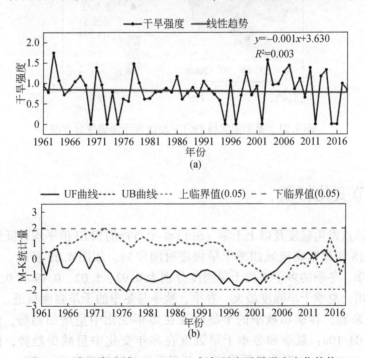

图 4.20　鄱阳湖流域 1961~2018 年年尺度干旱强度变化趋势

为了研究鄱阳湖流域气象干旱强度的空间分布特征，根据鄱阳湖流域及周边气象站干旱强度，通过 ArcGIS 软件的反距离权重插值得到了鄱阳湖流域 58 年内年尺度干旱强度空间分布图，如图4.21所示。由图4.21可以看出，1961～2018年鄱阳湖流域干旱强度空间差别较小，总体呈现中度干旱形势，干旱强度较高区域主要集中在流域西北部、西部以及东南部。其中，西北部以修水、靖安为中心，西部以莲花、井冈山为中心，东南部以赣州、龙南为中心。

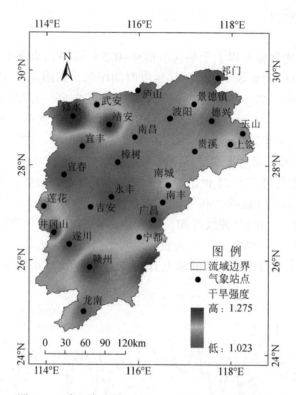

图4.21　鄱阳湖流域1961～2018年干旱强度分布图

4.4.2　季节变化特征

以历年各站点发生轻度及以上干旱（SPEI≤-0.5）的SPEI值平均表征当年干旱强度，构建1961～2018年鄱阳湖流域四季干旱强度时间序列，如图4.22所示。鄱阳湖流域春季、夏季、秋季、冬季的多年平均干旱强度分别为0.92、1.02、0.99和0.97。从多年平均干旱强度看出，夏季干旱强度最大，春季、秋季与冬季的干旱强度接近。从干旱强度的整体变化趋势来看，春季和秋季的干旱强度在多年变化中呈增加趋势，倾向率分别为0.03/10a和0.04/10a；夏季和冬季干旱强度在多年变化中呈减少趋势，倾向率分别为-0.02/10a和-0.03/10a。四季干旱强度M-K显著性检验结果表明（表4.6），春季和秋季干旱强度呈上升趋势，即干旱强度呈现增加态势；夏季和冬季呈下降趋势，即干旱强度呈现减少趋势，但干旱强度增加与减少趋势均不显著。

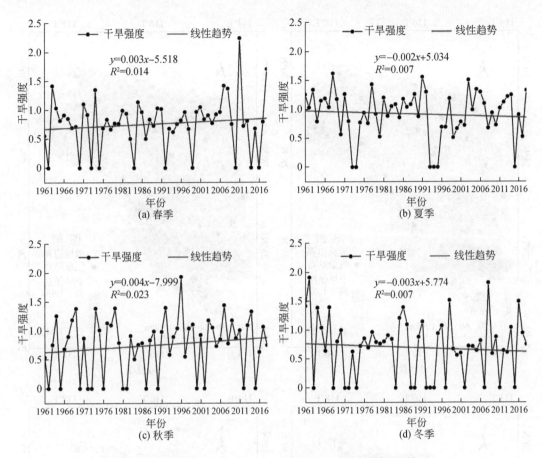

图 4.22　鄱阳湖流域 1961～2018 年季节干旱强度变化趋势图

表 4.6　鄱阳湖流域 1961～2018 年季节干旱强度 M-K 显著性检验结果表

季节	春季	夏季	秋季	冬季	$Z_{\alpha=\pm0.05}$
检验结果	0.42	-0.53	1.11	-0.74	±1.96

　　春季干旱强度在 0.50～2.24 波动，其中 1987 年干旱强度最小，为 0.50；2011 年干旱强度最大，为 2.24，已经达到极度干旱。夏季干旱强度集中在 0.51～1.62，其中 1999 年干旱强度最小，为 0.51；1968 年干旱强度最大，为 1.62，达到了重度干旱。秋季干旱强度主要集中在 0.51～1.93，其中 1984 年干旱强度最小，为 0.51；1996 年干旱强度最大，为 1.93，达到重度干旱。冬季干旱强度主要在 0.56～1.82，其中 2000 年干旱强度最小，为 0.56；2008 年干旱强度最大，为 1.82，达到了重度干旱。

　　为了研究鄱阳湖流域四季气象干旱强度的空间分布特征，根据鄱阳湖流域及周边气象站干旱强度，通过 ArcGIS 软件的反距离权重插值得到了鄱阳湖流域 58 年内四季干旱强度空间分布图，如图 4.23 所示。由图 4.23 可以看出，58 年内鄱阳湖流域春季干旱强度在 1.00～1.20 波动，干旱强度整体呈西南部、东北部高，中间低的空间分布特征，干旱强度

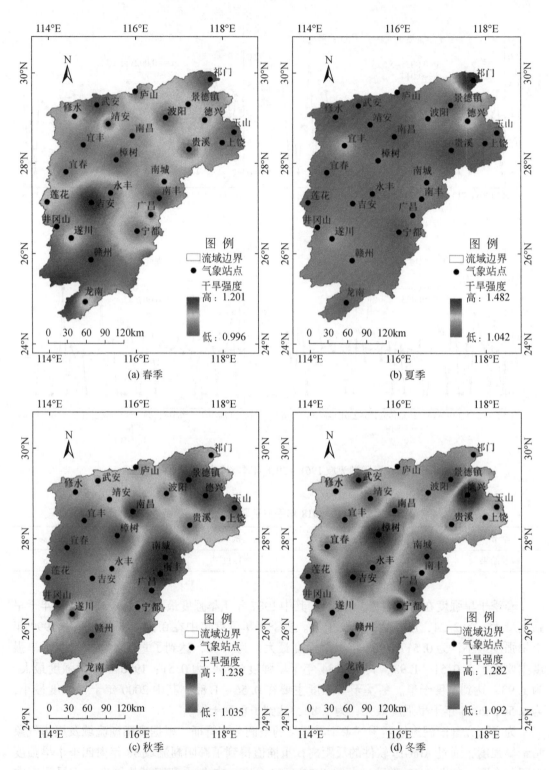

图 4.23　鄱阳湖流域 1961 ~ 2018 年四季干旱强度分布图

的高值区域主要位于以吉安、赣州为中心的流域中南部区域。夏季干旱强度在 1.04～1.48 波动，干旱强度空间差异较小，仅在祁门一带形成了干旱高值区。秋季干旱强度在 1.03～1.24 波动，干旱强度整体呈东部高、西部低的空间分布特征，地区差异较为显著，干旱强度的高值区域主要位于以南城、南丰为中心的流域东部区域。冬季干旱强度在 1.09～1.28 波动，干旱强度的高值区域主要位于以樟树、南昌为中心的赣江中下游地区，以及以德兴为中心的流域东北一带。

4.4.3　年代际变化特征

为了研究鄱阳湖流域各年代不同时间尺度干旱的严重程度，根据鄱阳湖流域的各站点干旱指数计算了流域 58 年内年尺度和季节尺度各年代干旱强度，如表 4.7 所示。从表 4.7 中可以看出，在年尺度上，21 世纪初十年的干旱强度最大，为 1.00，其次是 20 世纪 60 年代，干旱强度为 0.78；在季节尺度上，春季、夏季、秋季、冬季的干旱强度最大年代分别为 20 世纪 60 年代（1.18）、20 世纪 90 年代（0.95）、20 世纪 60 年代（0.97）和 20 世纪 60 年代（1.03），春季、冬季基本达到了中度干旱的标准。综上，在年尺度与季节尺度上，鄱阳湖流域在 20 世纪 60 年代、21 世纪初十年干旱程度较为严重，在 20 世纪 70 年代、20 世纪 90 年代干旱程度相对较轻。

表 4.7　鄱阳湖流域 1961～2018 年各年代干旱强度变化表

年代	年干旱强度	春季干旱强度	夏季干旱强度	秋季干旱强度	冬季干旱强度
20 世纪 60 年代	0.78	1.18	0.74	0.97	1.03
20 世纪 70 年代	0.63	0.74	0.69	0.57	0.68
20 世纪 80 年代	0.74	1.02	0.56	0.78	0.79
20 世纪 90 年代	0.66	0.68	0.95	0.55	0.69
21 世纪初十年	1.00	1.00	0.81	0.66	0.98
21 世纪 10 年代	0.77	0.90	0.75	0.69	0.71

4.5　气象干旱对农业生产的影响

干旱是全球最常见、最普遍的自然灾害，也是影响鄱阳湖流域农业生产稳定的主要气象灾害之一。干旱的频繁发生不仅直接造成了粮食减产和经济损失，而且影响粮食生产的可持续发展。作为全国九大商品粮基地之一的鄱阳湖平原，干旱减小其粮食产量将直接影响到国家的粮食安全问题。严重的干旱将给鄱阳湖流域粮食生产安全带来威胁。基于此，本节利用相关分析法分析了鄱阳湖流域干旱指数（SPEI）与旱灾面积的关系，初步探讨了鄱阳湖流域气象干旱对农业生产的影响。

江西省 1978～2016 年因旱灾引起的农作物旱灾面积、成灾面积以及绝收面积变化如图 4.24 所示，图中数据资料来源于国家统计局国家数据库、江西省统计年鉴和中华人民共和国农业农村部种植业灾情数据库。从图 4.24 可知，受灾面积、成灾面积和绝收面积的变化具有同步性，三者在 20 世纪 80 年代及 2003～2013 年较大，在 90 年代较小，可见在 20 世纪 80 年代和 2000 年以来鄱阳湖流域乃至整个江西省的农业旱灾发生情况最严重。结合前几节分析可知，鄱阳湖流域在 20 世纪 80 年代和 21 世纪初十年气象干旱最为频繁、最为严重，如 1978 年、1986 年、2003 年和 2007 年都发生了严重干旱，尤其是进入 21 世纪后，干旱趋于严重化，如 2003 年为重度干旱年，农作物因旱受灾成灾面积相当于洪涝灾害的两倍，绝收面积达 24.83 万 hm²，粮食产量比历年平均减少 149.7 万吨，农业因旱损失 55 亿元[107]。春旱会引起土壤内相对湿度和墒情较低，影响春耕播种，夏旱直接影响水稻等秋收作物的生长关键期，因此，一定规模的气象干旱对鄱阳湖流域的农业生产有着重要的影响。受灾面积从 1978～1995 年的 577.1khm² 减少到 1996～2016 年的 308.2khm²，减少了 46.6%；成灾面积从 1978～1995 年的 265.3khm² 减少到 1996～2016 年的 175.2khm²，减少了 34%；绝收面积从 1978～1995 年的 57.7khm² 减少到 1996～2016 年的 39khm²，减少了 32.5%。旱灾面积呈显著下降趋势一方面与农业生产水平的提升有关，另一方面也与干旱频率、干旱严重程度的降低有关。

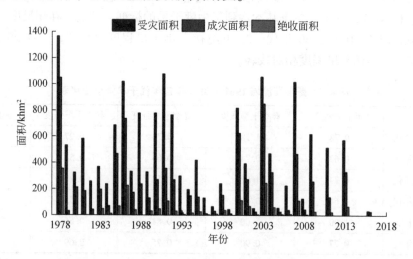

图 4.24   鄱阳湖流域 1978～2016 年干旱受灾面积、成灾面积、绝收面积变化趋势图

为了定量研究鄱阳湖流域气象干旱与农业旱灾面积的关系，利用相关分析法研究了不同时间尺度 SPEI 与干旱面积的相关性，结果见表 4.8。从季节尺度来看，夏季 SPEI 与受灾面积、成灾面积和绝收面积呈显著相关（$p < 0.01$），相关系数分别为 -0.688、-0.596 和 -0.531。在 6 个月尺度上，主要粮食作物生长季 SPEI 与受灾面积、成灾面积和绝收面积呈显著相关（$p < 0.01$），相关系数分别为 -0.765、-0.666 和 -0.602。从年尺度来看，年尺度 SPEI 与受灾面积、成灾面积和绝收面积呈显著相关（$p < 0.01$），相关系数分别为 -0.696、-0.608 和 -0.563。从表 4.8 中可以看出，鄱阳湖流域各时间尺度的 SPEI 与受灾面积、成灾面积和绝收面积均呈负相关关系，即随着 SPEI 的减小，干旱引起的旱灾面积、成灾面积和绝收面积将不断增加，同时，也表明鄱阳湖流域全年的干旱状态与农业生产密切相关，特别是在主要粮食作物生长季的 4～9 月干旱对农业生产影响最为显著。

表 4.8　鄱阳湖流域 1978～2016 年 SPEI 与受灾面积、成灾面积和绝收面积相关系数表

时段	SPEI 与受灾面积相关系数	SPEI 与成灾面积相关系数	SPEI 与绝收面积相关系数
春季	-0.336*	-0.305	-0.268
夏季	-0.688**	-0.596**	-0.531**
秋季	-0.281	-0.259	-0.263
冬季	-0.058	-0.009	-0.006
主要生长季（4～9 月）	-0.765**	-0.666**	-0.602**
全年	-0.696**	-0.608**	-0.563**

*、** 分别表示通过了 0.05 及 0.01 水平的显著性检验。

4.6　本 章 小 结

本章利用鄱阳湖流域及周边气象站的 1961～2018 年实测资料，计算了年尺度和季节尺度的 SPEI，采用 M-K 趋势检验、反距离权重插值等方法分析了鄱阳湖流域的干旱时空特征，研究了干旱的时空演变规律，并初步揭示其对鄱阳湖流域农业生产的影响。主要结论如下：

（1）在 1961～2018 年的 58 年里，鄱阳湖流域 SPEI 呈微小上升趋势，年平均 SPEI 以 0.05/10a 的速率增大，表明 58 年内鄱阳湖流域整体呈现不明显湿润化趋势；但从 2000 年左右 SPEI 呈现显著下降趋势，干旱趋于加剧，近 10 年干旱与湿润交替，且波动较大。鄱阳湖流域不同季节干湿状况存在相反变化趋势，春季和秋季 SPEI 呈微弱下降趋势，倾向率分别为 -0.06/10a 和 -0.01/10a，表明 58 年内该流域春季和秋季具有干旱化趋势；相反，夏季和冬季 SPEI 呈不明显上升趋势，倾向率分别为 0.13/10a 和 0.06/10a，表明 58 年内该流域夏季和冬季呈现变湿趋势；但上升或下降趋势均不显著。

（2）从空间分布来看，鄱阳湖流域 58 年内大部分地区呈湿润化趋势，干旱将有所缓解。干旱化站点分布较为零散，主要集中在流域南部、西部及湖区的局部区域，考虑到赣州地区既是 SPEI 低值区，也是干旱化区域，发生干旱风险较大，应重点关注这些地区干旱监测与防范。春季整体干旱趋势最明显，秋季次之，夏季和冬季呈湿润化趋势，仅在局部地区有干旱趋势。春季绝大部分地区呈干旱态势，其中流域西部及湖区干旱趋势最明显，秋季干旱主要集中在鄱阳湖流域南部。

（3）1961～2018 年鄱阳湖流域四季与年尺度干旱特征基本一致，主要以轻度干旱和中度干旱为主，不同等级干旱发生的频率总体呈减少趋势，且随着干旱等级升高，干旱频率降低。此外，春季和夏季是发生轻度干旱最频繁的季节（19%），秋季是发生中度干旱最多的季节（13.8%），冬季是发生重度干旱最多的季节（6.5%）。鄱阳湖流域发生干旱频率最高的季节是春季（33.29%），其次为秋季（33.22%），冬季最低（29.84%），但总体而言差异不大。

（4）鄱阳湖流域年尺度干旱频率整体上呈现"中部及东北部高、南部及西北部低"的分布特征，高值区域主要位于两处，即以广昌、宜春为中心的流域中部区域以及以祁门、德兴及玉山为代表的流域东北一带。春季干旱频率整体呈中东部和西北部高、西南部和东北部偏低的空间分布特征，干旱频率的高值区域主要位于以南丰、樟树为中心的流域中东部区域。夏季干旱发生的频率除信江上游祁门较低外，其余地区干旱发生的频率均较高，最高值在玉山-上饶一带以及西部的莲花。秋季干旱频率整体呈"西北部高、东南部低"的分布特征，干旱频率的高值区域主要位于以樟树、宜丰和宜春为中心的流域西北部区域。冬季干旱频率整体呈"北高南低"的空间分布特征，高值区主要出现在西北部的宜丰-靖安一带、东北部的景德镇以及东部的广昌。

（5）鄱阳湖流域 58 年内年尺度干旱站次比变化表明，鄱阳湖流域年尺度干旱发生范围在波动中呈不断减少趋势，而自 21 世纪以来鄱阳湖流域干旱影响范围呈扩大化趋势。不同季节干湿状况存在相反变化趋势，春季和秋季干旱范围有扩大趋势，而夏季和冬季干旱范围呈现缩减趋势。年尺度与四季干旱类型主要以全域性干旱和局域性干旱为主。在年代际上，年尺度和春季在 21 世纪初十年干旱影响范围最大，夏季、秋季、冬季则分别在20 世纪 80 年代、20 世纪 90 年代和 20 世纪 60 年代干旱影响范围最大。

（6）鄱阳湖流域 1961～2018 年年尺度干旱强度呈微弱减少趋势，倾向率为 0.01/10a，但是 20 世纪 90 年代中后期，尤其是进入 21 世纪以来干旱强度呈现增加态势。从多年平均干旱强度看出，夏季干旱强度最大，春、秋与冬季干旱强度接近。从干旱强度的整体变化趋势来看，春季和秋季干旱强度在多年变化中呈增加趋势，倾向率分别为 0.03/10a 和0.04/10a；夏季和冬季干旱强度在多年变化中呈减少趋势，倾向率分别为 -0.02/10a 和-0.03/10a。在年代际上，鄱阳湖流域在 20 世纪 60 年代、21 世纪初十年干旱程度较为严重，在 20 世纪 70 年代、20 世纪 90 年代干旱程度相对较轻。

（7）鄱阳湖流域各时间尺度的 SPEI 与受灾面积、成灾面积和绝收面积均呈负相关关系，即随着 SPEI 的减小，干旱灾害引起的旱灾面积、成灾面积和绝收面积不断增加，这表明鄱阳湖流域全年的干旱状态与农业生产密切相关，特别是在主要粮食作物生长季的4～9 月最为显著。

第5章 未来不同气候变化情景下鄱阳湖流域气象干旱预估

由前几章的介绍中可知，在气候变化的大背景下，鄱阳湖流域的干旱频率越高，干旱强度越大，这种变化趋势会对鄱阳湖流域内的生态环境、农业生产和生产生活带来严重的影响，在未来社会发展模式和气候系统自身变化存在较大不确定性的大背景下，干旱变化将会变得尤为复杂。全球气候模式是未来气候变化情景预估和气候模拟的重要工具，为了全面评估 CMIP5 中气候模式对鄱阳湖流域气候变化的模拟效果，本章选用 CMIP5 提供的六个气候模式数据，以全球气候模式下的月平均气温和月平均降水资料为基础，以气候模式历史格网数据通过插值与气象站点历史观测数据（1961～2018 年）进行匹配校准，修正数据误差。同时，对未来时期（2019～2100 年）三种排放情景不同全球气候模式数据偏差校正，利用等权集成对不同气候模式数据进行多模式集合，对比研究 RCP2.6、RCP4.5 和 RCP8.5 这三种排放情景下鄱阳湖流域未来干旱时空变化特征。

5.1 气候模式模拟能力评估

为了便于定性和定量比较不同气候模式的模拟效果，本节将不同水平分辨率的六种气候模式数据统一插值到 0.5°×0.5° 的经纬网格上，再利用双线性插值法将网格数据插值到鄱阳湖流域气象站点上，最后将双线性插值得到的站点历史模拟结果与 1961～2018 年气象站点实测数据结果进行比较。全球气候模式中一般将 1961～2005 年划为历史时期，为充分利用现有历史数据，本书将历史时期定位为 1961～2018 年，因此，需要将三种排放情景下不同气候模式数据中 2006～2018 年的数据与历史时期合并。对于历史时期的气候模式模拟能力评估，都会有三种排放情景，分别是 RCP2.6、RCP4.5 和 RCP8.5。

5.1.1 模拟能力评价指标

为了对气候模式数据模拟效果的好坏进行评价，本书选择以下评价指标[108]，具体如下：

（1）标准差（σ）与相关系数（R）：

$$\sigma_O = \left(\frac{1}{N} \sum_{n=1}^{N} (O_n - \bar{O})^2 \right)^{\frac{1}{2}} \tag{5.1}$$

$$\sigma_X = \left(\frac{1}{N} \sum_{n=1}^{N} (X_n - \bar{X})^2 \right)^{\frac{1}{2}} \tag{5.2}$$

$$R = \frac{\dfrac{1}{N}\sum_{n=1}^{N}(X_n - \bar{X})(O_n - \bar{O})}{\sigma_O \sigma_X} \tag{5.3}$$

式中，X_n、O_n 分别为气候模式 X 和实测站点资料 O 的数据序列；$\bar{X}$、$\bar{O}$ 分别为气候模式 X 和实测站点资料 O 的均值。

（2）均值相对误差（R_{mean}）：

$$R_{mean} = \frac{\bar{X} - \bar{O}}{\bar{O}} \times 100\% \tag{5.4}$$

式中，$\bar{X}$、$\bar{O}$ 分别为气候模式 X 和实测站点资料 O 的均值。

（3）标准差相对误差（R_{sd}）：

$$R_{sd} = \frac{\sigma_X - \sigma_O}{\sigma_O} \times 100\% \tag{5.5}$$

式中，σ_X、σ_O 分别为气候模式 X 和实测站点资料 O 的标准差。

（4）泰勒图评估气候模式：

泰勒图（Taylor Diagram）是[109]在 2001 年提出并使用的一种对于不同模型进行比较评估的方法，可以较为全面并同时评估多种气候模式的气候数据模拟能力。泰勒图利用三种不同的统计量［相关系数（R）、均方根误差（root-mean-square error，RMSE）和标准差（σ）］来量化模式数据的模拟值和实测数据之间的吻合程度。

站点实测数据 O 与模式 X 的均方根误差（RMSE）、标准差（σ）和相关系数（R）之间满足下列关系：

$$RMSE^2 = \sigma_O^2 + \sigma_X^2 - 2\sigma_O \sigma_X R \tag{5.6}$$

当气候模式数据点与实测站点数据点越接近，说明该模式模拟结果的相关系数越高、标准差越近、均方根误差小，可以判断该种模式数据模拟的效果比其他模式要好。

5.1.2 气温模拟能力评估

为了便于定性和定量比较，首先采用双线性插值将不同水平分辨率的六种气候模式数据统一插值到 0.5°×0.5°经纬网格上；其次，由双线性插值得到的历史模拟结果与 1961～2018 年的结果进行比较。图 5.1 是三种不同排放情景下的 CMIP5 模式数据对鄱阳湖流域年平均气温的模拟情况。图中黑色粗线为多年平均实测气温，可以看出，六种气候模式对气温模拟能力各不相同，但总体都低于多年平均实测气温。

选用各模式的历史模拟值和当前气候背景之间的均值、标准差、均值标准误差（R_{mean}）、标准差相对误差（R_{sd}）及相关系数（R）等指标，评价不同气候模式对鄱阳湖流域历史时期气温的模拟效果，结果见表 5.1～表 5.3。从三种排放情景下六种气候模式对鄱阳湖流域年平均气温评估结果可以看出，除 IPSL-CM5A-MR 模式外，鄱阳湖流域各站点气温模拟值总体上较实测气温偏小，最大偏差为 HadGEM2-ES 模式，其模拟气温比实测气温低 2℃ 左右，最小偏差为 IPSL-CM5A-MR 模式，其模拟气温比实测气温高 0.04℃；各模式标准差与实测气温标准差相近，两者相关系数均在 0.97 左右。因此，不同气候模式

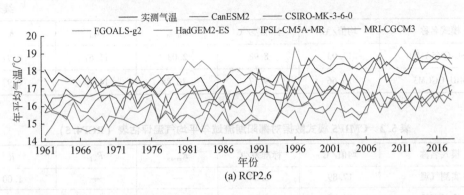

(a) RCP2.6

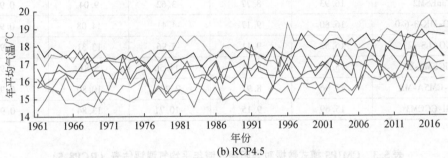

(b) RCP4.5

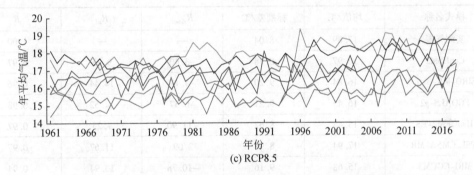

(c) RCP8.5

图 5.1　CMIP5 模式数据对鄱阳湖流域年平均气温的模拟情况

对鄱阳湖流域历史时期气温具备较好的模拟能力。

表 5.1　CMIP5 模式数据对鄱阳湖流域年平均气温评估表（RCP2.6）

模式名称	均值/℃	标准差/℃	R_{mean}	R_{sd}	R
实测气温	17.89	8.04	—	—	1.00
CanESM2	16.99	8.76	−3.30	8.98	0.97
CSIRO-MK-3-6-0	16.69	8.75	−5.01	8.81	0.97
FGOALS-g2	16.42	9.14	−6.56	13.68	0.97
HadGEM2-ES	15.50	8.53	−11.76	6.14	0.98

模式名称	均值/℃	标准差/℃	R_{mean}	R_{sd}	R
IPSL-CM5A-MR	17.93	8.98	2.03	11.67	0.97
MRI-CGCM3	15.66	9.17	−10.84	14.09	0.97

表5.2　CMIP5 模式数据对鄱阳湖流域年平均气温评估表（RCP4.5）

模式名称	均值/℃	标准差/℃	R_{mean}	R_{sd}	R
实测气温	17.89	8.04	—	—	1.00
CanESM2	16.93	8.77	−3.62	9.04	0.97
CSIRO-MK-3-6-0	16.80	9.17	−4.41	14.08	0.97
FGOALS-g2	16.52	9.11	−5.96	13.31	0.98
HadGEM2-ES	15.55	8.51	−11.50	5.81	0.97
IPSL-CM5A-MR	17.96	8.91	2.20	10.80	0.97
MRI-CGCM3	15.69	9.15	−10.71	13.84	0.97

表5.3　CMIP5 模式数据对鄱阳湖流域年平均气温评估表（RCP8.5）

模式名称	均值/℃	标准差/℃	R_{mean}	R_{sd}	R
实测气温	17.89	8.04	—	—	1.00
CanESM2	16.97	8.78	−3.40	9.25	0.97
CSIRO-MK-3-6-0	16.84	9.20	−4.17	14.44	0.96
FGOALS-g2	16.45	9.21	−6.37	14.52	0.98
HadGEM2-ES	15.48	8.62	−11.90	7.25	0.97
IPSL-CM5A-MR	17.94	8.98	2.09	11.67	0.97
MRI-CGCM3	15.68	9.16	−10.78	13.94	0.94

　　利用泰勒图来评价鄱阳湖流域实测站点气温数据与 CMIP5 中的六种气候模式历史阶段的模拟效果。泰勒图的纵轴为标准差（standard deviation），表示的是不同气候模式模拟值序列振幅长度和波动大小的比值；圆弧代表的是不同气候模式模拟值与站点实测值的相关系数（correlation coefficient），代表的是两者的近似程度。在泰勒图中各点的位置是通过相关系数和标准差决定的，在横轴为观测值，各点到观测值的距离代表模式模拟值和地面观测资料之间的均方根误差（RMSE），RMSE 表征观测值与模式模拟值的稳定性[110]。通常来说，将不同模式进行互相比较，若点越接近观测值，则模拟效果越好。

　　以 RCP2.6 排放情景下的历史时期气温模拟为例，图 5.2 表示 CMIP5 模式模拟的鄱阳湖流域气温的泰勒图，从图中可以看出：不同气候模式相关系数均达到了 0.97 以上，其中 HadGEM2-ES 模式相关系数达到了 0.98，都显示了较好的一致性。对于均方根误差（RMSE）来说，六种模式的均方根误差均在 0.25 左右，其中 HadGEM2-ES 最低，为 0.23，说明其气温序列的波动性相比其他五个模式小；从标准差来看，HadGEM2-ES 标准差为 1.04，最接近 1，也最接近观测点。但是为了提高气温整体的模拟效果，仍需对气候模式数据进行多模式集合以期减小误差。

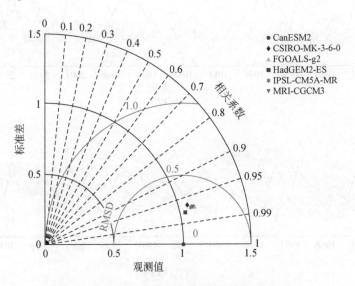

图 5.2　CMIP5 模式模拟的鄱阳湖流域气温的泰勒图

5.1.3　降水模拟能力评估

图 5.3 是三种不同排放情景下 CMIP5 模式数据对鄱阳湖流域年平均降水量的模拟情况。从图 5.3 中可以看出，六种气候模式对降水的模拟能力各不相同，HadGEM2-ES 模式年平均降水量大于实测站点降水量，其他模式与实测站点降水量相比均偏小。所以，单一未来气候模式不适用于预估鄱阳湖流域未来降水变化。

选用各模式的历史模拟值和当前气候背景之间的均值、标准差、均值标准误差（R_{mean}）、标准差相对误差（R_{sd}）及相关系数（R）等指标，评价不同气候模式对鄱阳湖

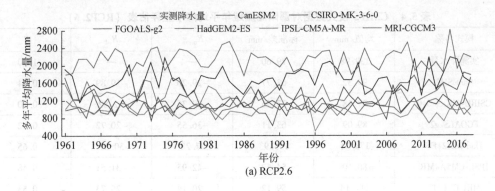

(a) RCP2.6

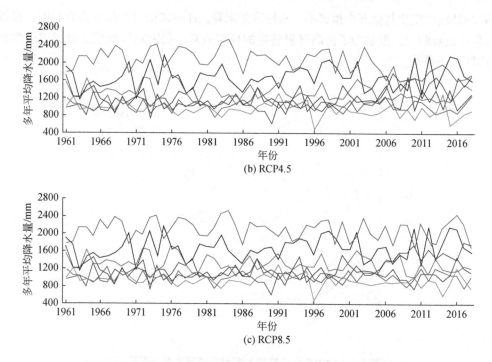

图5.3　CMIP5 模式数据对鄱阳湖流域年平均降水量的模拟情况

流域历史时期降水量的模拟效果，结果见表5.4～表5.6。从三种排放情景下六种气候模式对鄱阳湖流域年平均降水量评估结果可以看出，除 HadGEM2-ES 模式外，鄱阳湖流域各站点降水量模拟值总体上较实测降水偏小，最大偏差为 IPSL-CM5A-MR 模式，其模拟降水量比实测降水量低 60mm 左右，最小偏差为 MRI-CGCM3 模式，其模拟降水量比实测降水量低 28mm 左右；六种气候模式中，HadGEM2-ES 模拟的数据标准差明显大于实测降水的标准差，其他模式均较实测站点偏小。除 IPSL-CM5A-MR 模式模拟的相关系数低于 0.50 以外，其他模式均在 0.50～0.65。三种排放情景下六种气候模式模拟的均值误差和标准差误差也都相对气温偏大。综上可知，各种气候模式对鄱阳湖流域降水量模拟较气温模拟效果稍差。

表5.4　CMIP5 模式数据对鄱阳湖流域年平均降水量评估表 （RCP2.6）

模式名称	均值/mm	标准差/mm	R_{mean}	R_{sd}	R
实测降水量	139.98	79.60	—	—	1.00
CanESM2	99.32	63.77	-29.26	-19.89	0.54
CSIRO-MK-3-6-0	99.18	77.36	-29.36	-2.82	0.50
FGOALS-g2	89.09	63.11	-36.55	-20.72	0.62
HadGEM2-ES	178.71	103.93	27.28	30.57	0.65
IPSL-CM5A-MR	80.10	54.52	-42.95	-31.51	0.48
MRI-CGCM3	112.14	59.12	-20.14	-25.73	0.53

表 5.5　CMIP5 模式数据对鄱阳湖流域年平均降水量评估表（RCP4.5）

模式名称	均值/mm	标准差/mm	R_{mean}	R_{sd}	R
实测降水量	139.98	79.60	—	—	1.00
CanESM2	98.35	63.61	−29.95	−20.08	0.55
CSIRO-MK-3-6-0	99.72	77.18	−28.98	−3.03	0.50
FGOALS-g2	88.24	62.54	−37.16	−21.44	0.63
HadGEM2-ES	170.14	100.12	21.17	25.78	0.65
IPSL-CM5A-MR	79.85	55.31	−43.13	−30.51	0.49
MRI-CGCM3	112.17	60.36	−20.11	−24.18	0.54

表 5.6　CMIP5 模式数据对鄱阳湖流域年平均降水量评估表（RCP8.5）

模式名称	均值/mm	标准差/mm	R_{mean}	R_{sd}	R
实测降水量	139.98	79.60	—	—	1.00
CanESM2	99.32	63.77	−29.26	−19.89	0.55
CSIRO-MK-3-6-0	97.28	75.99	−30.72	−4.53	0.51
FGOALS-g2	88.09	62.54	−37.26	−21.43	0.64
HadGEM2-ES	176.54	102.49	25.73	28.76	0.65
IPSL-CM5A-MR	79.95	55.27	−43.06	−30.57	0.52
MRI-CGCM3	112.25	59.35	−20.05	−25.44	0.55

　　利用泰勒图评价实测降水量与 CMIP5 中的六种气候模式历史阶段的模拟效果。以 RCP2.6 排放情景下的历史时期降水量模拟为例。由图 5.4 可以看出，除 HadGEM2-ES、FGOALS-g2 的相关系数大于 0.60 以外，其他模式的相关系数范围为 0.48～0.55，相关性

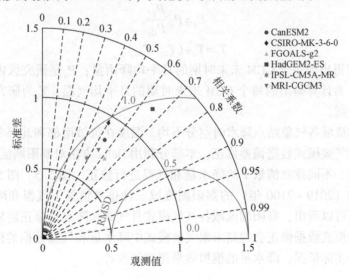

图 5.4　CMIP5 模式模拟的鄱阳湖流域降水量的泰勒图

稍差。对于均方根误差（RMSE）来说，六种气候模式均小于 1，其中，FGOALS-g2 模式的 RMSE 最小，为 0.79。从标准差来看，CSIRO-MK-3-6-0 的标准差最接近 1。综上可知，各种气候模式对鄱阳湖流域降水量模拟较气温模拟效果稍差。为了提高模拟效果，需对气候模式数据进行多模式集合以期减小误差。

5.2　气候模式数据偏差修正

在对气候情景做模拟和预估时，常常出现预报结果比实际值偏低或偏高，预报结果方差过大或者过小的现象，与实际值有一定偏差。这类误差一般可以分为两类，第一类主要来源于美国国家环境预报中心（National Centers for Environmental Prediction，NCEP）和全球气候模式（GCMs）数据之间本身自带的误差；第二类主要包括不同情景下降尺度过程中带来的误差。因此，在对气候情景预估之前，需对模拟结果进行偏差修正。本书选用 Delta 方法来消除明显的误差，使模拟结果更加符合实际情况。Delta 方法是由美国国家评价中心（http://www.nacc.usgcrp.gov/）在未来气候情景生成时重点推荐使用的方法，利用 Delta 方法得到的 GCMs 输出数据所刻画的气候变化是相对变化而不是绝对变化[111,112]。在使用 Delta 方法降尺度降雨量和气温时，方法略有不同。对于未来降雨量，每个月降雨量的变化率公式为

$$\text{Delta}(P) = \frac{P_{\text{Gf}}}{P_{\text{Go}}} \tag{5.7}$$

式中，P_{Gf} 为 GCM 模式未来时期的多年月平均降雨量；P_{Go} 为 GCM 模式历史时期的多年月平均降雨量。对于未来气温来说，每个月份的温度变化率公式为

$$\text{Delta}(T) = T_{\text{Gf}} - T_{\text{Go}} \tag{5.8}$$

式中，T_{Gf} 为 GCM 模式未来时期的多年月平均气温；T_{Go} 为 GCM 模式历史时期的多年月平均气温。因此，未来时期的月平均降雨量和月平均气温分别为

$$P_{\text{f}} = P_{\text{o}} \frac{P_{\text{Gf}}}{P_{\text{Go}}} \tag{5.9}$$

$$T_{\text{f}} = T_{\text{o}} + (T_{\text{Gf}} - T_{\text{Go}}) \tag{5.10}$$

式中，P_{f} 为计算得出的每个 GCM 未来时期的月平均降雨量；P_{o} 是研究区内气象站点实测的降雨数据；T_{f} 为计算得出的每个 GCM 未来时期的月平均气温；T_{o} 为研究区内气象站点实测的月气温数据。

由于鄱阳湖流域各气象站点降水时空分不均，温度在流域南部和北部各有差异，为了更好地进行未来气候模式数据偏差修正，本部分利用 Delta 方法对鄱阳湖流域 26 个气象站点不同气候模式、不同排放情景下的降水量和气温进行修正。图 5.5、图 5.6 为六种气候模式下未来时期（2019~2100 年）的鄱阳湖流域三种排放情景下气温和降水量的修正前后对比图，从图可以看出，鄱阳湖流域各气候模式月气温和降水量修正前后部分月份有一定的变化。气候模式数据修正会提高未来气候模式中降水量和气温数据的标准差，对降水的结果将更符合实际情况，降水量的模拟效果得到了改善。

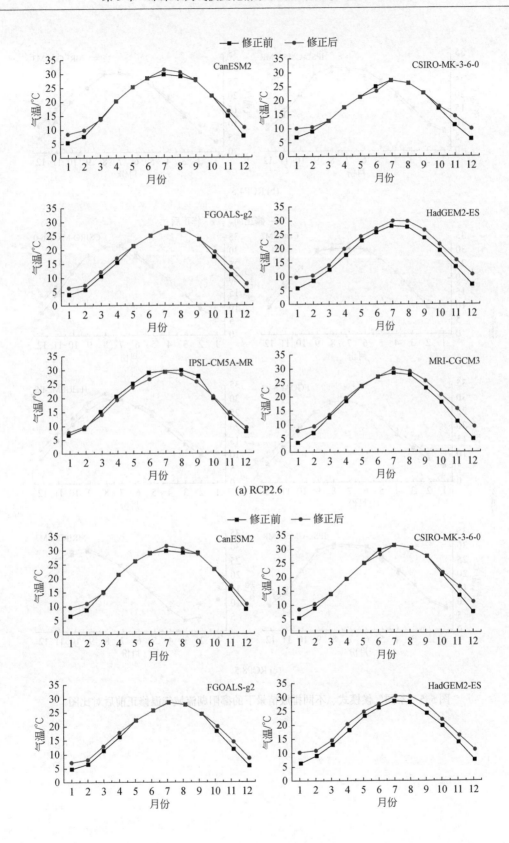

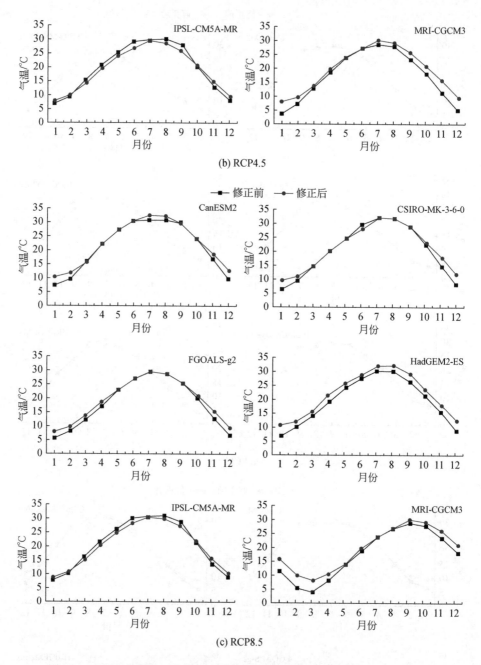

图 5.5　不同气候模式、不同排放情景下的鄱阳湖流域气温修正前后对比图

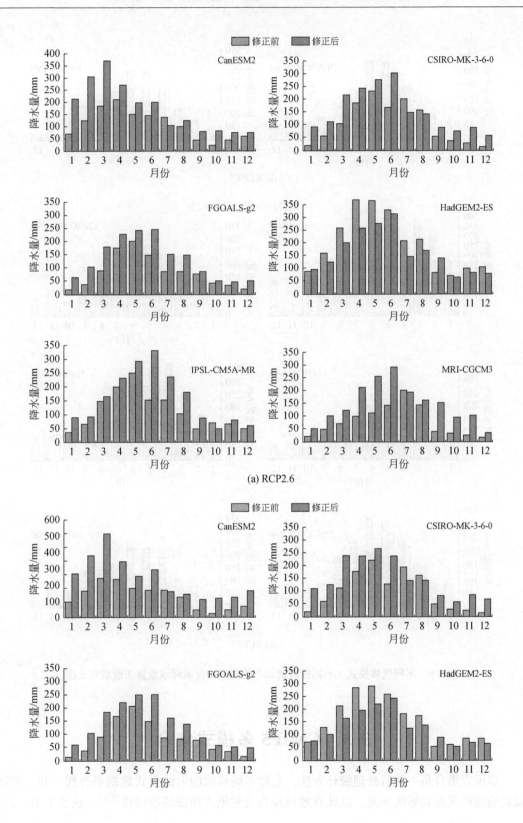

(a) RCP2.6

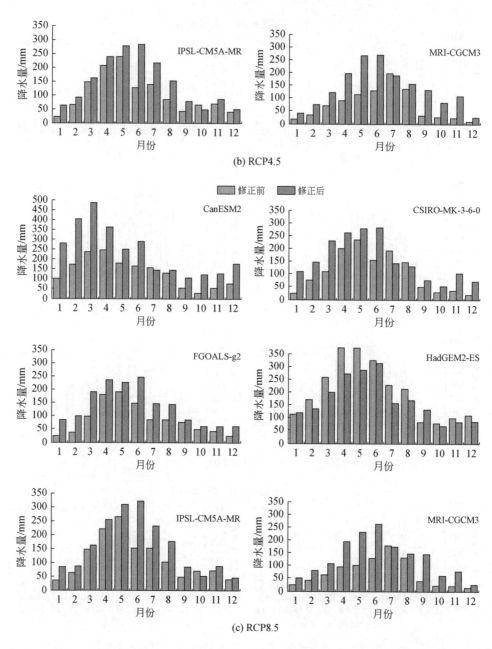

图 5.6　不同气候模式、不同排放情景下的鄱阳湖流域降水量修正前后对比图

5.3　CMIP5 多模式集合

　　多模式集合是一种后处理统计方法，它将不同模拟能力的模式数据集合到一起，消除模式的随机误差和系统误差，以此有效地提高气候模式预报的准确性[113]。由 5.1 节、5.2

节可知，气候模式数据存在着误差，由于 CMIP5 并未严格要求模式的准入条件，使得参与 CMIP5 的模式在模拟能力上各不相同，且每种模式在不同区域的模拟效果也各有差异。胡岑等[114]根据泰勒图分析得出在青藏高原地区温度模拟表现相对优异的模式，而气候模式集合平均能提高总体的模拟能力。目前大多数研究使用的是等权集合平均[115-118]，部分研究利用了加权集合平均[119-124]。因此，本节利用算术平均集成法对不同气候模式数据进行多模式集合，以降低预估结果的不确定性。

算术平均集成是一种简单且常用的多模式集成方法，是将多个模式的模拟值进行算术平均，其计算公式为

$$\overline{X} = \sum_{i=1}^{n} X_i / n \tag{5.11}$$

式中，$\overline{X}$ 为多模式的算术平均值；X_i 为第 i 个模式模拟值；n 为选用的 CMIP5 模式个数。

5.4 气候要素变化的预估

5.4.1 气温

表 5.7 为鄱阳湖流域 21 世纪初期、中期和末期的年及四季平均气温变化（相对于 1961～2018 年）。在年尺度上，相对于 1961～2018 年，未来平均气温的变化规律如下：①从三个不同时期来看，鄱阳湖流域的年平均气温随着时间的推移而升高，整体趋势是 21 世纪末期>中期>初期；②从不同排放情景来看，鄱阳湖流域的年平均气温在 RCP8.5 排放情景下最高，RCP4.5 次之，RCP2.6 最小。在季节尺度上，相对于 1961～2018 年，未来年平均气温的季节变化规律如下：①从不同时期来看，鄱阳湖流域四季平均气温变化均是随着时间推移而增加，即 21 世纪末期>中期>初期；②从不同排放情景看，鄱阳湖流域的四季平均气温都是在 RCP8.5 排放情景下最大，RCP4.5 次之，RCP2.6 最小；③从不同季节来看，21 世纪初期及中期平均气温增幅从大到小总体表现为冬季>秋季>春季>夏季，21 世纪末期略有不同，总体上 21 世纪四季气温总体升高，冬季平均气温将会大幅度上升，酷暑现象更加严重。在 RCP2.6 排放情景下，年及四季 21 世纪末期的平均气温要小于中期。通过研究表明，气温和辐射强迫明显的相关性，因此该现象可能是与 RCP2.6 排放情景设定的辐射强迫的先增后减有关[125]。

表 5.7　鄱阳湖流域 21 世纪初期、中期和末期的年及四季平均气温变化（相对于 1961～2018 年）

（单位：℃）

时期	排放情景	年气温	春季气温	夏季气温	秋季气温	冬季气温
2019～2045 年（初期）	RCP2.6	0.89	0.79	0.40	0.72	1.66
	RCP4.5	1.13	1.07	0.92	1.16	1.40
	RCP8.5	1.36	1.33	1.11	1.48	1.58

续表

时期	排放情景	年气温	春季气温	夏季气温	秋季气温	冬季气温
2046～ 2075 年（中期）	RCP2.6	1.28	1.19	0.70	1.20	2.06
	RCP4.5	2.16	1.98	1.98	2.33	2.39
	RCP8.5	3.15	2.82	3.04	3.49	3.29
2076～ 2100 年（末期）	RCP2.6	1.12	1.06	0.59	1.10	1.76
	RCP4.5	2.67	2.40	2.46	2.85	2.97
	RCP8.5	4.98	4.56	5.01	5.42	5.02

从图 5.7 不同排放情景下 2019～2100 年鄱阳湖流域年平均气温时间变化特征趋势可知，随着温室气体排放浓度增大，2019～2100 年三个时期的年平均气温都呈现增高趋势。在 RCP2.6 排放情景下，三个时期年均气温分别为 18.79℃、19.18℃ 和 19.02℃，在末期（2076～2100 年）年平均气温出现略微降低的情况；在 RCP4.5 排放情景下，三个时期的年平均气温分别为 19.03℃、20.06℃ 和 20.57℃，呈现不断增加的趋势；在 RCP8.5 排放情景下，三个时期的年平均气温分别为 19.26℃、21.04℃ 和 22.88℃，RCP8.5 三个时期的气温较 RCP2.6 和 RCP4.5 排放情景下都有一定幅度升高，特别是末期分别较 RCP2.6 和 RCP4.5 排放情景增高 3.86℃、2.31℃。可见，鄱阳湖流域 2019～2100 年存在升温趋势，随着温室气体排放浓度增加，年均温变化趋势越大。

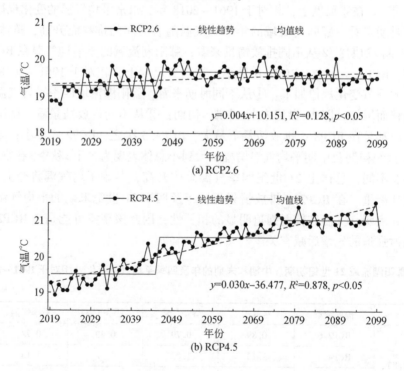

(a) RCP2.6

(b) RCP4.5

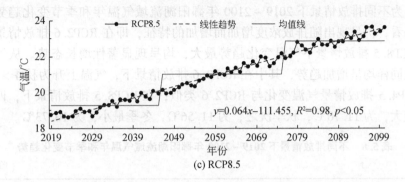

(c) RCP8.5

图 5.7 不同排放情景下 2019～2100 年鄱阳湖流域年平均气温时间变化特征

图 5.8 表示不同排放情景下 2019～2100 年鄱阳湖流域季节气温箱线图，箱线图内的横线表示中位数，上下框线分别表示上、下四分位数，延长的上、下限分别表示最大值与最小值。分析中位数则可预测序列的大致趋势，分析上、下四分位数及上、下限与中位数的跨度可得出序列是否稳定[126]。从图 5.8 中位数的变化可得，鄱阳湖流域四季的气温都呈现出随温室气体排放浓度的增大而增大并持续上升的特征；从上、下四分位数及上、下限跨度可知，四季气温的稳定程度随温室气体排放浓度的增大而减弱。此外，与历史时期四季气温相比，未来气温在各排放情景下都存在增温现象，其中，冬季的增温幅度最大，其次是秋、春和夏季。

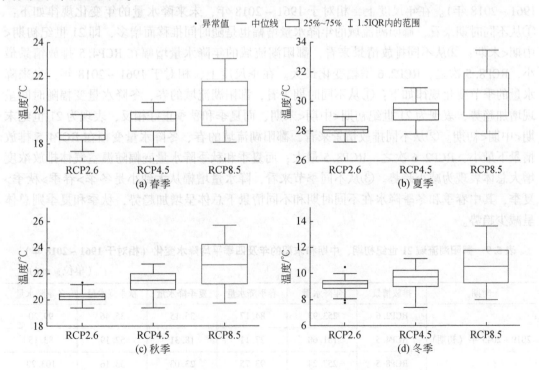

图 5.8 不同排放情景下 2019～2100 年鄱阳湖流域季节气温箱线图

表 5.8 为不同排放情景下 2019～2100 年鄱阳湖流域气温年和季节变化趋势。从不同排放情景来看，仍呈现出随排放浓度增加而增加的特征，即在 RCP2.6 排放情景下变化趋势最小，RCP8.5 排放情景下气温变化趋势最大，均呈现显著性增长态势。从气温年和四季来看，也同样均呈增加趋势，其中在 RCP2.6 排放情景下，气温上升为秋季>夏季>冬季>春季；RCP4.5 排放情景气温变化与 RCP2.6 类似；在 RCP8.5 排放情景下，四季中夏季气温变化最大，为 11.70℃，秋季次之，为 11.56℃，冬季最小，为 10.73℃。

表 5.8　不同排放情景下 2019～2100 年鄱阳湖流域气温年和季节变化趋势

（单位：℃）

排放情景	年气温	春季气温	夏季气温	秋季气温	冬季气温
RCP2.6	2.45	1.89	2.06	3.28	0.98
RCP4.5	10.51	8.26	9.19	9.35	8.27
RCP8.5	12.07	11.00	11.70	11.56	10.73

5.4.2　降水

表 5.9 为鄱阳湖流域 21 世纪初期、中期和末期的年及四季平均降水变化（相对于 1961～2018 年）。在年尺度上，相对于 1961～2018 年，未来降水量的年变化规律如下：①从不同时期来看，鄱阳湖流域的年降水量增幅也是随时间推移而增多，即 21 世纪初期<中期<末期；②从不同排放情景来看，鄱阳湖流域的年降水量增幅在 RCP4.5 排放情景最小，RCP8.5 次之，RCP2.6 增幅变化最大。在季尺度上，相对于 1961～2018 年，未来降水量的季节变化规律如下：①从不同时期来看，鄱阳湖流域的春、冬降水量变幅随时间呈现增加趋势，表现为 21 世纪初期<中期<末期，而夏季和秋季正好相反，表现为 21 世纪末期<中期<初期。②从不同排放情景来看，鄱阳湖流域的春、冬降水量变幅在 RCP4.5 排放情景下最小，RCP2.6 次之，RCP8.5 最大；而夏季和秋季降水量变幅随温室气体排放浓度增大总体表现为减小趋势。③从不同季节来看，降水量增幅从大到小是冬季>春季>秋季>夏季，其中春季和冬季降水在不同时期和不同情景下总体呈增加趋势，秋季和夏季则总体呈减少趋势。

表 5.9　鄱阳湖流域 21 世纪初期、中期和末期的年及四季平均降水变化（相对于 1961～2018 年）

（单位：mm）

时期	排放情景	年降水量	春季降水量	夏季降水量	秋季降水量	冬季降水量
	RCP2.6	253.93	84.17	35.15	35.46	99.20
2019～2045 年（初期）	RCP4.5	181.60	27.11	18.31	52.19	83.15
	RCP8.5	257.24	93.75	23.03	33.16	103.23

时期	排放情景	年降水量	春季降水量	夏季降水量	秋季降水量	冬季降水量
2046~2075 年（中期）	RCP2.6	303.56	113.85	34.96	33.18	119.13
	RCP4.5	206.18	47.90	17.92	57.84	80.98
	RCP8.5	241.53	106.39	2.28	11.67	122.20
2076~2100 年（末期）	RCP2.6	298.49	114.03	26.06	39.87	118.40
	RCP4.5	254.90	80.34	26.90	36.17	113.63
	RCP8.5	272.23	122.55	-2.46	19.59	128.89

从图 5.9 不同排放情景下 2019~2100 年鄱阳湖流域年降水量的时间变化趋势可知，21 世纪初期到末期的年降水量总体呈现增加态势。同时，随着温室气体排放浓度增大，鄱阳湖流域年降水量总体呈现减小趋势，将由 RCP2.6 排放情景下 1965.42mm 至 RCP8.5 排放情景下的 1935.81mm，降低了 29.61mm，但各排放情景下的年降水量均大于鄱阳湖流域 1961~2018 年平均降水量（1679.75mm）。因此，可以看出鄱阳湖流域 2019~2100 年存在降水量增加的现象。此外，随着排放浓度的增大，降水量的变化趋势也都稳定。

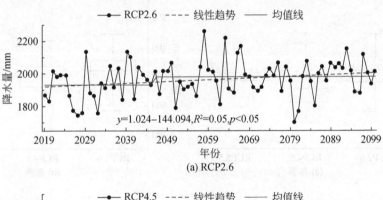

(a) RCP2.6

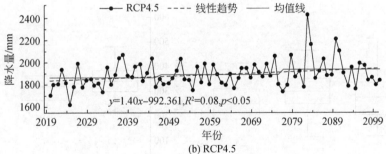

(b) RCP4.5

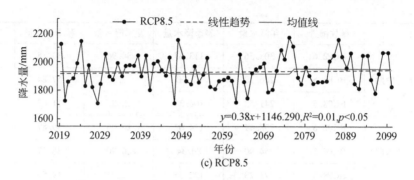

(c) RCP8.5

图 5.9　不同排放情景下 2019～2100 年鄱阳湖流域年平均降水时间变化特征

　　图 5.10 为不同排放情景下 2019～2100 年鄱阳湖流域四季降水量箱线图，从图中中位数的变化可知，春季和冬季的降水量呈现随温室气体排放浓度的最大而上升的特征，夏季和秋季则出现相反的特征；从上、下四分位数及上、下限跨度可知，四季降水量的稳定程度较复杂，秋季降水量的稳定性较差。将未来时期的降水量与历史时期四季降水量相比，

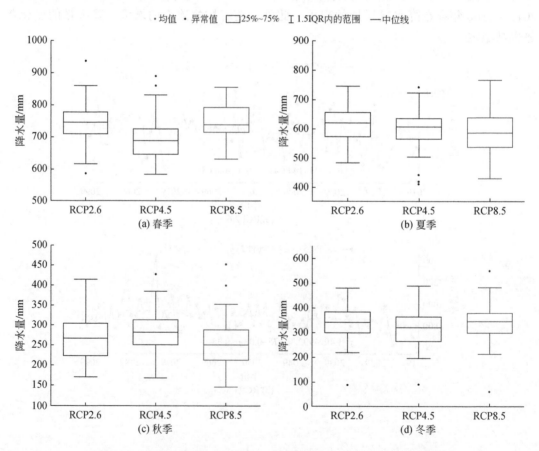

图 5.10　不同排放情景下 2019～2100 年鄱阳湖流域四季降水量箱线图

春季和冬季在三种排放情景下总体呈增加趋势，而秋季和夏季则出现减少的现象。春季降水量变化在四季中较为复杂，在 RCP2.6、RCP4.5 和 RCP8.5 排放情景下分别有"增加—减少—增加"的趋势。

表 5.10 为不同排放情景下 2019~2100 年鄱阳湖流域年和季节降水量变化趋势。从不同时间段来看，年、春和冬季在不同排放情景下均呈现增加趋势，其中 RCP2.6 和 RCP4.5 排放情景下的年和春季降水量、RCP8.5 排放情景下春季降水量均通过了 0.05 显著性水平检验；夏季降水量仅在 RCP4.5 排放情景下为增加趋势，其他排放情景降水量呈减少趋势；秋季在 RCP4.5 和 RCP8.5 两个排放情景下均呈现减小趋势。

表 5.10　不同排放情景下 2019~2100 年鄱阳湖流域年和季节降水量变化趋势

（单位：mm）

排放情景	年降水量	春季降水量	夏季降水量	秋季降水量	冬季降水量
RCP2.6	2.13	2.70	−0.83	0.14	1.66
RCP4.5	2.13	3.22	0.87	−0.56	1.32
RCP8.5	0.69	2.54	−1.22	−1.21	1.71

5.5　不同排放情景下的干旱特征研究

5.5.1　RCP2.6 排放情景下干旱特征预估

5.5.1.1　干旱年尺度时空变化特征

用 5.4 节中未来气候模式数据集合预估得到的气温和降水量计算未来的干旱指数（SPEI），RCP2.6 排放情景下 2019~2100 年鄱阳湖流域 SPEI 时间变化趋势特征如图 5.11 所示。由图 5.11 可知，2019~2100 年间干湿状况交替发生，SPEI 变化范围主要集中在 −1.76（2080 年）~2.20（2058 年），其中 SPEI<−0.5 的干旱年份有 25 个，主要集中在 21 世纪 20、50 及 70 年代。总体上，SPEI 以 0.05/10a 呈现不显著上升趋势，表明鄱阳湖流域未来在 RCP2.6 排放情景下会出现轻微湿润化态势。

从表 5.11 可以看出，在 RCP2.6 排放情景下，21 世纪初期（2019~2045 年）、中期（2046~2075 年）和末期（2076~2100 年）的 SPEI 均值分别为−0.090、0.004 和 0.093，倾向率分别为 0.170/10a、0.072/10a 和 0.333/10a。与历史时期 SPEI 相比，在 RCP2.6 排放情景下鄱阳湖流域未来时期相对湿润。

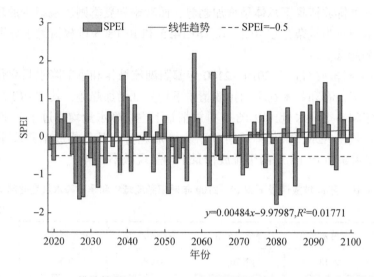

图 5.11　RCP2.6 排放情景下 2019~2100 年鄱阳湖流域 SPEI 时间变化趋势特征

表 5.11　RCP2.6 排放情景下鄱阳湖流域 21 世纪初期、中期和末期 SPEI 均值及倾向率

时期	排放情景	SPEI 均值	倾向率/（1/10a）
2019~2045 年（初期）	RCP2.6	−0.090	0.170
2046~2075 年（中期）	RCP2.6	0.004	0.072
2076~2100 年（末期）	RCP2.6	0.093	0.333

5.5.1.2　年尺度干旱频率时空变化特征

通过计算得到的鄱阳湖流域 2019~2100 年 SPEI，统计 SPEI 小于−0.5 的用来表示鄱阳湖流域干旱的发生。表 5.12 和图 5.12 为 RCP2.6 排放情景下的鄱阳湖流域 2019~2100 年年尺度下的各站点的干旱总频率、各种类型干旱频率及空间分布。从表 5.16 可以看出：鄱阳湖流域干旱频率范围为 29.28%~34.15%，除吉安站低于 30%，其余 25 个站点均超过 30%，其中修水、武宁、井冈山、南昌、贵溪及祁门站干旱频率最高，最低为吉安站；轻度干旱频率仅有井冈山、樟树、贵溪及广昌站超过了 15%；中度干旱频率仅有吉安、樟树及广昌站低于 10%，其余站点介于 10%~16%，其中宜丰站最大，为 15.85%；重度干旱频率介于 3.66%~8.54%，其中樟树站最高，为 8.854%；极度干旱频率介于 0~2.44%，除波阳、靖安、南昌、樟树、德兴、贵溪、玉山及上饶站等八个站点未发生极度干旱，其余站点均有发生。可以看出，RCP2.6 排放情景下的鄱阳湖流域年尺度干旱主要以轻度干旱和中度干旱为主，随着干旱等级升高，干旱频率降低。

为研究 RCP2.6 排放情景下鄱阳湖流域干旱频率的空间分布特征，根据流域及周边气象站干旱频率绘制了 RCP2.6 排放情景下 2019~2100 年鄱阳湖流域干旱频率空间分布，如图 5.12 所示。从图 5.12 中可以看出，鄱阳湖流域年尺度干旱频率整体上呈现"西南部低、东北部高"的分布特征。干旱频率最高的主要集中在鄱阳湖湖区的南昌、修水等地，并向赣江中上游地区逐渐降低，低值区主要出现在吉安、宜春、赣州等地。

表 5.12　RCP2.6 排放情景下鄱阳湖流域 2019～2100 年年尺度干旱频率　　　（%）

站点	干旱总频率	轻度干旱频率	中度干旱频率	重度干旱频率	极度干旱频率
修水	34.14	14.63	13.41	4.88	1.22
宜丰	30.49	8.54	15.85	4.88	1.22
莲花	32.93	14.63	12.20	4.88	1.22
宜春	30.50	10.98	12.20	4.88	2.44
吉安	29.28	10.98	9.76	7.32	1.22
井冈山	34.15	17.07	10.98	4.88	1.22
遂川	30.49	13.41	10.98	3.66	2.44
赣州	30.50	12.20	12.20	3.66	2.44
庐山	32.93	14.63	10.98	4.88	2.44
武宁	34.14	14.63	13.41	4.88	1.22
波阳	32.92	13.41	13.41	6.10	0
祁门	34.14	13.41	14.63	3.66	2.44
景德镇	31.71	12.20	13.41	3.66	2.44
靖安	32.93	13.41	12.20	7.32	0
南昌	34.15	14.63	12.20	7.32	0
樟树	32.93	17.07	7.32	8.54	0
德兴	31.71	13.41	12.20	6.10	0
贵溪	34.15	17.07	10.98	6.10	0
玉山	32.93	14.63	12.20	6.10	0
上饶	30.50	12.20	10.98	7.32	0
永丰	32.93	14.63	12.20	4.88	1.22
南城	31.71	12.20	10.98	7.32	1.22
南丰	32.93	14.63	13.41	3.66	1.22
宁都	30.50	12.20	12.20	4.88	1.22
广昌	32.93	15.85	9.76	6.10	1.22
龙南	31.71	14.63	12.20	3.66	1.22

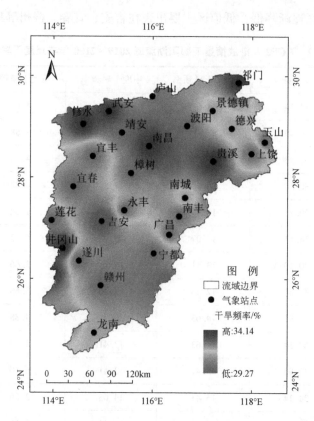

图 5.12　RCP2.6 排放情景下 2019～2100 年鄱阳湖流域干旱频率空间分布

5.5.1.3　季节尺度干旱变化特征

在 RCP2.6 排放情景下的鄱阳湖流域 2019～2100 年四季干旱指数 (SPEI) 变化特征，如图 5.13 所示。由图 5.13 可以看出，鄱阳湖流域春季和冬季的 SPEI 呈增加趋势，倾向率分别为 0.09/10a 和 0.06/10a；夏季和秋季 SPEI 呈降低趋势，倾向率分别为 -0.04/10a 和 -0.02/10a。

RCP2.6 排放情景下鄱阳湖流域春季 SPEI 在 2063 年达到最大，为 2.24；夏季 SPEI 在 2029 年达到最大，为 1.82；秋季 SPEI 在 2039 年达到 1.99；冬季 SPEI 在 2078 年为最大，为 2.05；春季 SPEI 在 2047 年最小，为 -2.15，达到了极度干旱；夏季 SPEI 在 2026 年最小，为 -1.80；秋季 SPEI 在 2071 年达到最小，为 -1.59；冬季 SPEI 在 2080 年达到最小，为 -1.85，达到了重度干旱。由此可见，四季最严重的干旱主要发生在 21 世纪中期。

表 5.13 比较了 RCP2.6 排放情景下鄱阳湖流域四季干旱总次数及各类型干旱次数。由表 5.13 可以看出，夏季干旱次数最多，为 33 次；其次是秋季和冬季，为 26 次；最后是春季，24 次。鄱阳湖流域干旱次数随严重程度减少，并以轻度干旱为主，其中夏季轻度干旱次数最多，为 26 次；四季中度干旱次数在 5～9 次；极度干旱次数最少，除春季极度干旱次数为 1 以外，其他季节极度干旱次数均为 0 次。

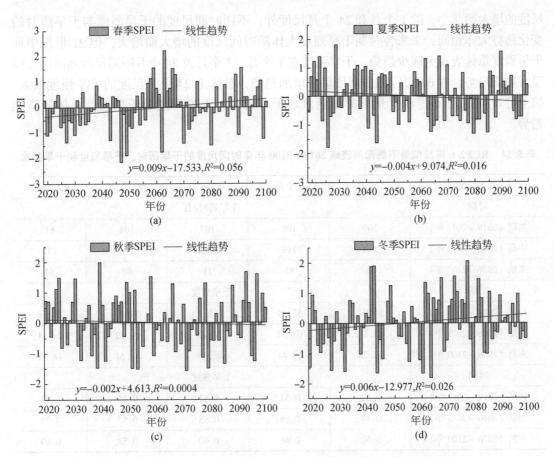

图 5.13　RCP2.6 排放情景下 2019～2100 年鄱阳湖流域四季 SPEI 变化特征

表 5.13　RCP2.6 排放情景下鄱阳湖流域四季干旱总次数及各类型干旱次数

（单位：次）

季节	干旱总次数	轻度干旱次数	中度干旱次数	重度干旱次数	极度干旱次数
春季	24	13	7	3	1
夏季	33	26	5	2	0
秋季	26	13	9	4	0
冬季	26	14	6	6	0

5.5.1.4　干旱游程理论分析

利用游程理论来分析 RCP2.6 排放情景下鄱阳湖流域多时间尺度的干旱历时、干旱烈度和干旱强度，如表 5.14 所示。根据表 5.14，干旱特征阈值选用 SPEI 等于 -0.5[127]。从表 5.14 中可以看出，不同时间尺度的干旱历时在 2019～2100 年随时间均呈现先增加后降低的趋势，但总体来看干旱历时减小；除 21 世纪中期外，其他时期干旱历时大体随时间尺度的增大而减小。除 1 个月和 24 个月尺度外，不同时间尺度的干旱烈度与干旱历时的变化趋势大体相同；未来各时期干旱烈度大体随时间尺度的增大而增大，但 21 世纪中期干旱烈度总体表现为减少趋势。干旱强度在 1 个月、3 个月及 24 个月时间尺度随时间总体呈现降低趋势，在 6 个月及 12 个月呈现增加趋势，总体上 24 个月尺度的干旱强度最大。综上可知，RCP2.6 排放情景下鄱阳湖流域干旱历时、干旱烈度及干旱强度总体呈降低趋势。

表 5.14　RCP2.6 排放情景下鄱阳湖流域 2019~2100 年多时间尺度的干旱历时、干旱烈度和干旱强度

时间尺度	1 个月	3 个月	6 个月	12 个月	24 个月
时期	干旱历时/月				
初期（2019~2045 年）	109	108	109	104	81
中期（2046~2075 年）	114	116	112	114	137
末期（2076~2100 年）	86	85	71	80	64
时期	干旱烈度				
初期（2019~2045 年）	56.91	55.39	55.3	57.21	59.08
中期（2046~2075 年）	55.88	63.53	61.85	59.62	46.54
末期（2076~2100 年）	43.28	39.41	42.69	46.51	44.12
时期	干旱强度				
初期（2019~2045 年）	0.52	0.51	0.51	0.55	0.73
中期（2046~2075 年）	0.49	0.55	0.55	0.52	0.34
末期（2076~2100 年）	0.50	0.46	0.60	0.58	0.69

5.5.2　RCP4.5 排放情景下干旱特征预估

5.5.2.1　干旱年尺度时空变化特征

图 5.14 为 RCP4.5 排放情景下 2019~2100 年鄱阳湖流域干旱指数（SPEI）时间变化趋势特征。从图可知，在 2019~2100 年，SPEI 主要在 -1.74（2099 年）~2.56（2082 年）波动，两个极值都发生在 21 世纪末期。SPEI<-0.5 的干旱年份主要有 25 个，主要集中在 21 世纪中期和末期。总体上，SPEI 以 -0.11/10a 的速率呈下降趋势，表明 RCP4.5 排放情景下鄱阳湖流域未来干旱呈增加态势。

从表 5.15 可知，RCP4.5 排放情景下 21 世纪初期（2019~2045 年）、中期（2046~2075 年）和末期（2076~2100 年）的 SPEI 均值分别为 0.432、-0.166 和 -0.260，倾向率分别为 0.201/10a、-0.094/10a 和 -0.221/10a，表明在 RCP4.5 排放情景下鄱阳湖流域 21 世纪初期相对湿润，而中期和末期比较干旱。因此，在 RCP4.5 排放情景下，随着时间的推移，鄱阳湖流域的气候呈现干旱态势。

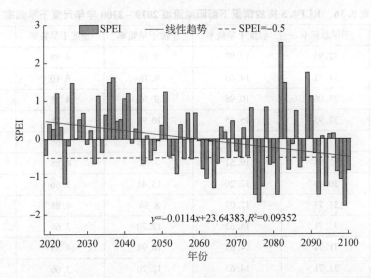

图 5.14　RCP4.5 排放情景下 2019～2100 年鄱阳湖流域 SPEI 时间变化趋势特征

表 5.15　RCP4.5 排放情景下鄱阳湖流域 21 世纪初期、中期和末期 SPEI 均值及倾向率

时期	RCP	均值	斜率/（1/10a）
2019～2045 年（初期）	4.5	0.432	0.201
2046～2075 年（中期）	4.5	−0.166	−0.094
2076～2100 年（末期）	4.5	−0.260	−0.221

5.5.2.2　年尺度干旱频率时空变化特征

通过计算得到了 RCP4.5 排放情景下鄱阳湖流域 2019～2100 年的 SPEI，统计 SPEI 小于−0.5 的用来表示鄱阳湖流域干旱的发生。表 5.16 和图 5.15 为 RCP4.5 排放情景下的鄱阳湖流域 2019～2100 年年尺度下的各站点的干旱总频率、各种类型干旱频率及空间分布。从表 5.20 可以看出：鄱阳湖流域干旱频率范围为 26.84%～32.93%，其中超过 30% 的干旱频率有 20 个站点，其中修水、宜春、吉安、井冈山、景德镇和贵溪等站点干旱频率最高，均为 32.93%，最低为永丰和南丰，为 26.84%；轻度干旱频率在 10.98%～19.51% 波动，有 12 个站点超过了 15%；中度干旱频率在 4.88%～13.41% 波动，仅有七个站点超过了 10%，其中遂川干旱频率最高，均为 13.41%；重度干旱频率介于 2.44%～7.32%，重度干旱频率的最大是上饶，为 7.32%；极度干旱频率介于 1.22%～4.88%，流域内全部站点均发生过极度干旱，龙南极度干旱频率最高，为 4.88%。可以看出，RCP4.5 排放情景下的鄱阳湖流域年尺度干旱主要以轻度干旱和中度干旱为主，随着干旱等级升高，干旱频率降低。

表 5.16　RCP4.5 排放情景下鄱阳湖流域 2019～2100 年年尺度干旱频率（单位：%）

站点	干旱总频率	轻度干旱频率	中度干旱频率	重度干旱频率	极度干旱频率
修水	32.93	17.07	9.76	4.88	1.22
宜丰	31.71	14.63	9.76	6.10	1.22
莲花	28.06	10.98	9.76	4.88	2.44
宜春	32.93	15.85	10.98	4.88	1.22
吉安	32.93	17.07	10.98	3.66	1.22
井冈山	32.93	19.51	7.32	4.88	1.22
遂川	30.49	12.20	13.41	3.66	1.22
赣州	31.71	17.07	8.54	4.88	1.22
庐山	31.71	14.63	12.20	3.66	1.22
武宁	31.71	14.63	10.98	4.88	1.22
波阳	31.71	14.63	12.20	3.66	1.22
祁门	31.71	15.85	9.76	4.88	1.22
景德镇	32.93	17.07	10.98	2.44	2.44
靖安	30.49	14.63	10.98	2.44	2.44
南昌	31.71	18.29	6.10	3.66	3.66
樟树	30.49	14.63	8.54	6.10	1.22
德兴	31.71	18.29	6.10	3.66	3.66
贵溪	32.93	19.51	4.88	4.88	3.66
玉山	31.71	14.63	9.76	6.10	1.22
上饶	30.49	13.41	8.54	7.32	1.22
永丰	26.84	12.20	7.32	3.66	3.66
南城	29.27	17.07	6.10	2.44	3.66
南丰	26.84	10.98	8.54	4.88	2.44
宁都	29.27	13.41	7.32	6.10	2.44
广昌	29.27	13.41	7.32	6.10	2.44
龙南	30.49	15.85	7.32	2.44	4.88

为研究 RCP4.5 排放情景下鄱阳湖流域干旱频率的空间分布特征，根据鄱阳湖流域干旱频率绘制了 RCP4.5 排放情景下 2019～2100 年鄱阳湖流域干旱频率空间分布，如图 5.15 所示。从图 5.16 中可以看出，鄱阳湖流域年尺度干旱频率整体上呈现 "西北部、东北部高，东南部低" 的分布特征。干旱频率最高的主要分布在鄱阳湖流域的西北、东北部地区，高值区集中在修水、宜春、景德镇和贵溪一带，低值区主要出现在鄱阳湖流域的南丰、永丰等地。

5.5.2.3　季节尺度干旱变化特征

在 RCP4.5 排放情景下的鄱阳湖流域 2019～2100 年四季干旱指数（SPEI）变化特征，

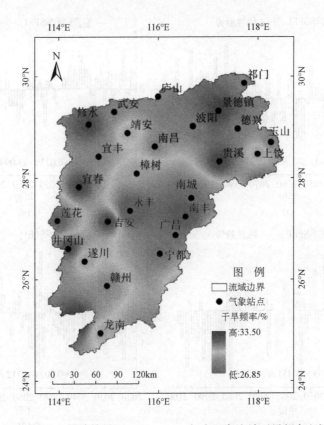

图 5.15　RCP4.5 排放情景下 2019~2100 年鄱阳湖流域干旱频率空间分布

如图 5.16 所示。由图 5.16 可以看出，鄱阳湖流域春季和冬季 SPEI 呈增加趋势，倾向率分别为 0.06/10a 和 0.02/10a；夏季和秋季 SPEI 呈减少趋势，倾向率分别为 -0.11/10a 和 -0.17/10a。

　　RCP4.5 排放情景下鄱阳湖流域春季 SPEI 在 2082 年达到最大，为 2.23；夏季 SPEI 在 2089 年达到最大，为 2.75；秋季 SPEI 在 2037 年达到 2.29；冬季 SPEI 在 2054 年为最大，为 2.03；春季 SPEI 在 2094 年最小，为 -1.80，达到了重度干旱；夏季 SPEI 在 2099 年最小，为 -2.16，达到了极度干旱；秋季 SPEI 在 2081 年达到最小，为 -2.15，同样也达到了极度干旱；冬季 SPEI 在 2055 年达到最小，为 -1.74，达到了重度干旱。由此可见，四季最严重的干旱主要发生在 21 世纪中后期。

　　表 5.17 比较了 RCP4.5 排放情景下鄱阳湖流域四季干旱总次数及各类型干旱次数。由表 5.17 可以看出，冬季干旱次数最多，为 26 次；其次是春季和秋季，为 24 次、22 次；最后是夏季，干旱次数为 21 次。鄱阳湖流域干旱次数随严重程度减少，并以轻度干旱为主；四季中度干旱发生次数悬殊较大，其中发生次数最多的是冬季 11 次，最少的是秋季 1 次；四季重度干旱次数为 2~5 次；春季和冬季极端干旱次数为 0，而夏季和秋季极度干旱次数为 3 次、1 次。

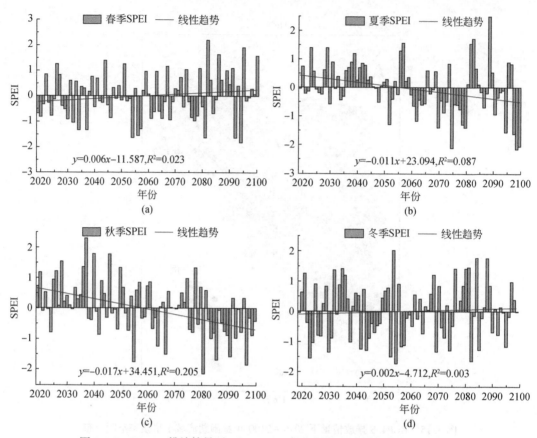

图 5.16　RCP4.5 排放情景下 2019~2100 年鄱阳湖流域四季 SPEI 变化特征

表 5.17　RCP4.5 排放情景下鄱阳湖流域四季干旱总次数及各类型干旱次数

（单位：次）

季节	干旱总次数	轻度干旱次数	中度干旱次数	重度干旱次数	极度干旱次数
春季	24	15	4	5	0
夏季	21	11	5	2	3
秋季	22	15	1	5	1
冬季	26	11	11	4	0

5.5.2.4　干旱游程理论分析

利用游程理论来分析 RCP4.5 排放情景下鄱阳湖流域多时间尺度的干旱历时、干旱烈度和干旱强度，如表 5.18 所示。从表 5.18 中可以看出，不同时间尺度的干旱历时在 2019~2100 年随时间总体增加的趋势；除 21 世纪初期外，其他时期干旱历时大体随时间尺度的增大而增加。不同时间尺度的干旱烈度与干旱历时的变化趋势大体相同；未来各时期干旱烈度大体随时间尺度的增大而减小，但 21 世纪末期干旱烈度总体表现为增大趋势。

干旱强度与干旱烈度的变化趋势相同。从干旱历时来看，在 21 世纪中期和末期的干旱历时均达到了 99 个月以上。24 个月尺度 SPEI 在 21 世纪末期（2076~2100 年）干旱强度最大，为 0.71。综上可知，相比 RCP2.6 排放情景，RCP4.5 排放情景下鄱阳湖流域在 21 世纪中后期将会面临更严重和频繁的干旱状况。

表 5.18　RCP4.5 排放情景下鄱阳湖流域 2019~2100 年多时间尺度的干旱历时、干旱烈度和干旱强度

时间尺度	1 个月	3 个月	6 个月	12 个月	24 个月
时期	干旱历时/月				
初期（2019~2045 年）	80	67	58	43	20
中期（2046~2075 年）	120	105	119	129	124
末期（2076~2100 年）	99	116	112	131	153
时期	干旱烈度				
初期（2019~2045 年）	32.47	29.56	23.05	11.73	6.07
中期（2046~2075 年）	64.9	60.98	64.15	60.55	43.16
末期（2076~2100 年）	58.05	70.59	78.06	89.89	108.66
时期	干旱强度				
初期（2019~2045 年）	0.41	0.44	0.40	0.27	0.30
中期（2046~2075 年）	0.54	0.58	0.54	0.47	0.35
末期（2076~2100 年）	0.59	0.61	0.70	0.69	0.71

5.5.3　RCP8.5 排放情景下干旱特征预估

5.5.3.1　干旱年尺度时空变化特征

图 5.17 为 RCP8.5 排放情景下 2019~2100 年鄱阳湖流域干旱指数（SPEI）的时间变化趋势特征。2019~2100 年间，SPEI 在 -2.01（2096 年）~2.01（2019 年）波动，SPEI< -0.5 的干旱年份有 27 个，且均发生在 21 世纪的中后期，21 世纪初期 SPEI 均大于 -0.5，无干旱发生。总体上，在 2019~2100 年间 SPEI 以 -0.33/10a 的速率呈微弱下降趋势，表明在 RCP8.5 排放情景下鄱阳湖流域未来干旱将呈现增加趋势。

与 RCP2.6 和 RCP4.5 排放情景下预估的干旱相比，RCP8.5 排放情景下的鄱阳湖流域气候干旱大都发生在 2047 年之后。从表 5.19 可知，在 RCP8.5 排放情景下，21 世纪初期（2019~2045 年）、中期（2046~2075 年）和末期（2076~2100 年）的 SPEI 值分别为 0.958、-0.060 和 -0.967，倾向率分别为 -0.149/10a、-0.307/10a 和 -0.326/10a，表明在 RCP8.5 排放情景下鄱阳湖流域的气候呈现干旱态势，且中、末期干旱态势更明显。

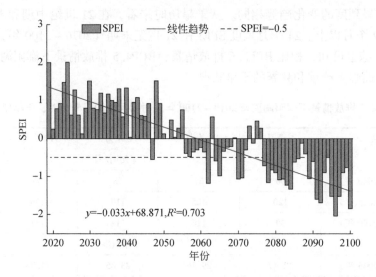

$$y = -0.033x + 68.871, R^2 = 0.703$$

图 5.17　RCP8.5 排放情景下 2019～2100 年鄱阳湖流域 SPEI 的时间变化趋势特征

表 5.19　RCP8.5 排放情景下鄱阳湖流域 21 世纪初期、中期和末期 SPEI 均值及倾向率

时期	排放情景	SPEI 均值	倾向率/(1/10a)
2019～2045 年（初期）	8.5	0.958	−0.149
2046～2075 年（中期）	8.5	−0.060	−0.307
2076～2100 年（末期）	8.5	−0.967	−0.326

5.5.3.2　年尺度干旱频率时空分布特征

通过计算得到了 RCP8.5 排放情景下的鄱阳湖流域 2019～2100 年 SPEI，表 5.20 和图 5.18 为 RCP8.5 排放情景下的鄱阳湖流域 2019～2100 年年尺度下的各站点的干旱总频率、各种类型干旱频率及空间分布。从表 5.20 可以看出：鄱阳湖流域干旱频率范围为 29.27%～35.37%，除井冈山、遂川干旱频率低于 30% 外，其他均超过了 30%，其中南昌、波阳、龙南站干旱频率最高，为 35.37%。轻度干旱频率在 8.54%～23.17% 波动，仅遂川站低于 10%，有 12 个站点超过了 15%；中度干旱频率在 4.88%～13.41% 波动，其中遂川、宜丰及吉安站干旱频率最大；重度干旱频率介于 3.66%～8.54%，重度干旱频率的最大是广昌站，为 8.54%；极度干旱频率介于 0～2.44%，除莲花、井冈山、遂川、永丰、南城、南丰、宁都、广昌站等八个站点未发生极度干旱，其余站点均有发生。可以看出，RCP8.5 排放情景下的鄱阳湖流域年尺度干旱主要以轻度干旱和中度干旱为主，随着干旱等级升高，干旱频率降低。

表 5.20　RCP8.5 排放情景下鄱阳湖流域 2019～2100 年年尺度干旱频率　　（%）

站点	干旱总频率	轻度干旱频率	中度干旱频率	重度干旱频率	极度干旱频率
修水	31.71	13.41	12.20	3.66	2.44
宜丰	32.93	12.20	13.41	6.10	1.22
莲花	30.50	12.20	10.98	7.32	0
宜春	31.72	12.20	12.20	6.10	1.22
吉安	31.71	10.98	13.41	6.10	1.22
井冈山	29.28	10.98	10.98	7.32	0
遂川	29.27	8.54	13.41	7.32	0
赣州	30.50	10.98	12.20	4.88	2.44
庐山	34.15	17.07	10.98	3.66	2.44
武宁	31.71	15.85	8.54	6.10	1.22
波阳	35.37	19.51	8.54	6.10	1.22
祁门	31.71	14.63	9.76	4.88	2.44
景德镇	34.15	19.51	7.32	6.10	1.22
靖安	32.93	17.07	8.54	6.10	1.22
南昌	35.37	18.29	9.76	6.10	1.22
樟树	34.15	17.07	9.76	6.10	1.22
德兴	34.15	18.29	8.54	6.10	1.22
贵溪	34.15	17.07	9.76	6.10	1.22
玉山	34.15	18.29	8.54	6.10	1.22
上饶	34.15	15.85	10.98	6.10	1.22
永丰	30.50	10.98	12.20	7.32	0
南城	34.15	14.63	12.20	7.32	0
南丰	31.72	12.20	12.20	7.32	0
宁都	30.50	10.98	12.20	7.32	0
广昌	32.94	12.20	12.20	8.54	0
龙南	35.37	23.17	4.88	4.88	2.44

　　RCP8.5 排放情景下 2019～2100 年鄱阳湖流域干旱频率空间分布，如图 5.18 所示，从图中可以看出，鄱阳湖流域年尺度干旱频率整体上呈现"东北部高、西南部低"的分布特征。干旱频率最高的主要分布在鄱阳湖流域的湖区及东北部地区，低值区主要出现在赣江上游地区。

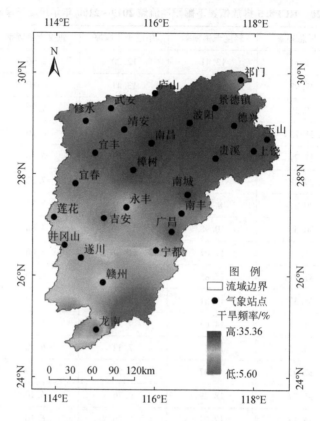

图 5.18　RCP8.5 排放情景下 2019~2100 年鄱阳湖流域干旱频率空间分布

5.5.3.3　季节尺度干旱变化特征

在 RCP8.5 排放情景下的鄱阳湖流域 2019~2100 年四季干旱指数（SPEI）变化特征，如图 5.19 所示。由图 5.20 可知，鄱阳湖流域四季 SPEI 均呈减小趋势，倾向率分别为 -0.15/10a、-0.31/10a、-0.29/10a 和 -0.01/10a，其中夏季和秋季减小趋势更加明显。

RCP8.5 排放情景下鄱阳湖流域春季 SPEI 在 2033 年达到最大，为 1.84；夏季 SPEI 在 2019 年达到最大，为 2.18；秋季 SPEI 在 2030 年最大，为 2.13；冬季 SPEI 在 2068 年为最大，为 2.40；春季 SPEI 在 2071 年最小，为 -2.15；夏季 SPEI 在 2091 年最小，为 -2.05；秋季 SPEI 在 2100 年达到最小，为 -2.03；冬季 SPEI 在 2080 年达到最小，为 -2.17，春季、夏季、秋季和冬季 SPEI 均达到了极度干旱。由此可见，四季最严重的干旱主要发生在 21 世纪中后期。

表 5.21 比较了 RCP8.5 排放情景下鄱阳湖流域四季干旱总次数及各类型干旱次数。由表 5.21 可以看出，冬季和夏季干旱次数最多，为 27 次；春季干旱次数次之，为 26 次；最后是秋季，为 25 次。鄱阳湖流域干旱次数随严重程度减少，并以轻度干旱为主，四季轻度干旱次数差异不大，四季中夏季中度干旱次数最少，为 12 次；秋季和冬季重度干旱次数最多，为 4 次；四季极度干旱均为 1 次。

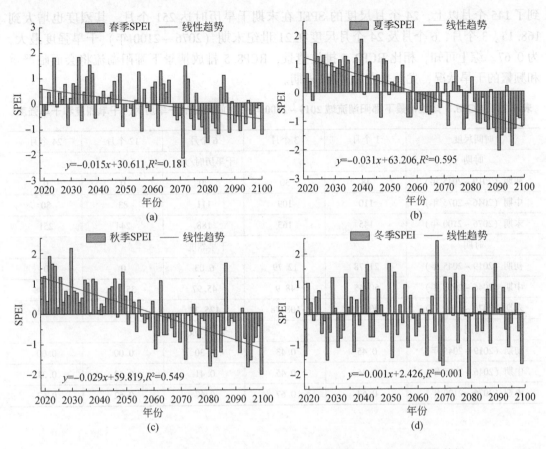

图 5.19　RCP8.5 排放情景下 2019~2100 年鄱阳湖流域四季 SPEI 变化特征

表 5.21　RCP8.5 排放情景下鄱阳湖流域四季干旱总次数及各类型干旱次数

（单位：次）

季节	干旱总次数	轻度干旱次数	中度干旱次数	重度干旱次数	极度干旱次数
春季	26	16	8	1	1
夏季	27	12	12	2	1
秋季	25	14	6	4	1
冬季	27	14	8	4	1

5.5.3.4　干旱游程理论分析

利用游程理论来分析 RCP8.5 排放情景下的鄱阳湖流域干旱历时、干旱烈度和干旱强度，如表 5.22 所示。从表 5.22 中可以看出，不同时间尺度的干旱历时在 2019~2100 年随时间总体增加的趋势，且变化幅度相差较大；除 21 世纪末期外，其他时期干旱历时大体随时间尺度的增大而减小。干旱烈度、干旱强度与干旱历时的变化趋势均相同。从干旱历时来看，21 世纪初期干旱历时较小，干旱烈度也较低，但到 21 世纪末期的干旱历时均达到了 145 个月以上，24 个月尺度的 SPEI 在末期干旱历时达 251 个月，其烈度也增大到 168.15。3 个月、6 个月及 24 个月尺度在 21 世纪末期（2076~2100 年）干旱强度最大，为 0.67。综上可知，相比 RCP2.6 排放情景，RCP8.5 排放情景下鄱阳湖流将会面临严重和频繁的干旱状况，尤其是在 21 世纪末期。

表 5.22　RCP8.5 排放情景下鄱阳湖流域 2019~2100 年多时间尺度的干旱历时、干旱烈度和干旱强度

时间尺度	1 个月	3 个月	6 个月	12 个月	24 个月
时期	干旱历时/月				
初期（2019~2045 年）	48	30	20	0	0
中期（2046~2075 年）	110	109	111	83	80
末期（2076~2100 年）	145	163	188	244	251
时期	干旱烈度				
初期（2019~2045 年）	21.78	12.79	6.03	0	0
中期（2046~2075 年）	50.45	48.9	45.97	35.76	24.98
末期（2076~2100 年）	90.79	108.48	125.32	151.22	168.15
时期	干旱强度				
初期（2019~2045 年）	0.45	0.43	0.30	0.00	0.00
中期（2046~2075 年）	0.46	0.45	0.41	0.43	0.31
末期（2076~2100 年）	0.63	0.67	0.67	0.62	0.67

5.6　本章小结

本章以 CMIP5 提供的六个全球气候模式下的气温和降水月平均资料为基础，通过双线性插值，将历史模拟数据与历史观测站点数据进行偏差修正，并通过多模式集合，研究 2019~2100 年 RCP2.6、RCP4.5 和 RCP8.5 三种排放情景下鄱阳湖流域气温、降水的变化情况；通过计算不同时间尺度 SPEI，分析三种排放情景下的流域干旱时空变化特征。得到了如下结论：

（1）鄱阳湖流域年平均和四季气温都有随着温室气体排放浓度增大而持续增高的特征，且温室气体浓度越大，气温升高幅度更大，RCP8.5 排放情景下气温增幅最大，RCP4.5 次之，RCP2.6 最小；四季未来气温在各排放情景下都存在增温现象，冬季的增温幅度最大，在 RCP8.5 排放情景下增温达 3.25℃，其次是秋季、春季和夏季。鄱阳湖流域的年降水量也是随时间推移而增多，即 21 世纪初期<中期<末期，鄱阳湖流域的春、冬降水量变幅在 RCP4.5 排放情景下最小，RCP2.6 次之，RCP8.5 最大；而夏季和秋季降水量变幅随温室气体排放浓度增大总体表现为减小趋势。降水量四季增幅从大到小是冬季>春季>秋季>夏季，其中春季和冬季降水在不同时期和不同排放情景下总体呈增加趋势，秋季和夏季则总体呈减少趋势。

（2）随着温室气体排放浓度的增大，鄱阳湖流域 2019~2100 年的干旱指数（SPEI）

下降幅度增大，RCP4.5 和 RCP8.5 排放情景下以 −0.11/10a 和 −0.33/10a 的速率显著下降；在空间上，干旱发生从研究区东北部、西北部向东南部范围逐渐加大。三种排放情景下的鄱阳湖流域年尺度干旱主要以轻度干旱和中度干旱为主，随着干旱等级升高，干旱频率降低。三种排放情景下的四季干旱主要发生在 21 世纪中后期。随着温室气体排放浓度的增大，鄱阳湖流域 2019~2100 年干旱烈度和干旱强度也随着增大。

第6章 鄱阳湖流域气象干旱成因分析

气象干旱是其他各类干旱发生的根本原因,只有了解气象干旱的发生规律、成因和旱灾灾变机制,才能进一步探究其他类型的干旱,从而有效监测和预警各类干旱。气象干旱的成因是多方面的,通常认为降水量和温度的变化是导致气象干旱发生的最主要的原因,SPEI 的计算也是基于降水量和温度[128]。将鄱阳湖流域 26 个气象站点 SPEI 月尺度值和对应的降水与温度进行相关性分析,如图 6.1 所示。

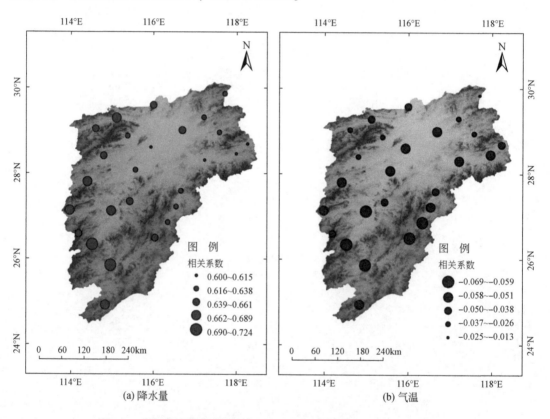

图 6.1　鄱阳湖流域降水量和气温与 SPEI 的相关性分析和显著性检验

从图 6.1（a）中可以看出,1961～2018 年鄱阳湖流域所有气象站点的 SPEI 月尺度数据与降水数据的相关性均通过了 0.01 的显著性水平检验,表明两者整体相关性较强。其中,相关性系数最高的达到了 0.724,最低的也达到了 0.6。鄱阳湖流域所有气象站点 SPEI 月尺度与气温数据相关性均未通过显著性检验,整体相关性较差 [图 6.1（b）]。由此可见,鄱阳湖流域的干旱主要是由于降水量的变化而引起的。导致鄱阳湖流域降水量变化主要因素有地理环境特征、大气环流特征及人类活动等,以下将从这几个方面来探讨一下鄱阳湖流域气象干旱的主要原因。

6.1　地理环境特征的影响

鄱阳湖流域地处中纬度地区的长江中下游，位于长江以南，南岭以北之间，属于亚热带湿润季风气候区，降水量时空分布不均，降水量具有显著的季节性、地域性，年际变化大，从而导致鄱阳湖流域干旱现象频繁发生[129]。

鄱阳湖流域地形复杂，山地丘陵起伏，流域边陲群山环绕，武夷山居东，武功山、罗霄山脉居西，南岭、九连山居南，幕阜山、怀玉山分居西北和东北，加之季风环流的影响，由于鄱阳湖流域地势是自南向北倾斜，南部高、北部低，鄱阳湖流域雨季又随着西太平洋副热带高压自南向北推进，南部雨季开始早，北部雨季结束晚。而汛期结束同样是自南向北结束，北部晚、南部早。这是造成鄱阳湖流域发生干旱的原因。

6.2　大气环流的影响

Namias[130]通过研究发现大气环流异常和北太平洋海温在气候变化中有着重要的影响作用。ENSO 通过影响东亚季风环流和太平洋副热带高压，对中国从沿海到大陆都产生了不同程度的影响[131]，ENSO 是我国气温、降水异常最主要的影响因素之一。北极涛动（AO）是北半球中高纬度地区大气环流低频变化的主要模式，不仅影响了北半球多个季节的气候变化，在年际和年代气候变化中起着重要作用[132]。北大西洋涛动（NAO）是北大西洋地区显著的大气模态，具有明显的年际变率和年代际尺度变化；其变化对北半球的气候变化都有着重要的调节作用[133]。由经验正交函数（EOF）分析北太平洋北纬 20° 以北月平均海表温度异常得到的第一模态时间系数太平洋年代际震荡（PDO）指数的冷暖相位的变化是影响东亚季风年代际变化的重要原因[134,135]，从而影响我国降水变化[136,137]。目前，鲜有学者将 SPEI 与 ENSO 相结合应用在鄱阳湖流域，也缺乏对大尺度气候因子与鄱阳湖流域干湿关系的系统认识[138-140]。因此，在许多专家学者研究的基础上，研究大气环流因子对鄱阳湖流域干旱的影响及相关性就显得尤为重要。

6.2.1　鄱阳湖流域气象干旱与大气环流因子时间相关性

通过对鄱阳湖流域 1961～2018 年 SPEI 和四个大气环流指数（AO、NAO、PDO、EASM 指数）在年尺度和夏季尺度进行了六次多项式拟合，绘制了两者之间的时间变化趋势图，如图 6.2 所示。从图 6.2（a）可以看出，PDO 指数与鄱阳湖流域 SPEI 除了在 1970 年前后和 20 世纪 90 年代呈现负相关关系以外，大体上呈正相关关系，PDO 指数处于负相位时，SPEI 更多的是负值，PDO 指数处于正相位时一般对应的鄱阳湖流域 SPEI 正常年份。从 AO 指数与鄱阳湖流域的 SPEI 时间变化趋势图 6.2（b）可看出，AO 指数处于负相位时多对应 SPEI 负值年份，AO 指数处于正值位时对应的 SPEI 处于正值，但总体相关性不明显。从 NAO 指数与鄱阳湖流域 SPEI 变化趋势图 6.2（c）可以看出，NAO 指数与次年 SPEI 之间总体呈正相关关系，随着 NAO 指数增大或减少，SPEI 也呈上升或下降趋势。EASM 指数与 SPEI 之间的变化趋势如图 6.2（d）所示，EASM 指数在 20 世纪 90 年代之前与 SPEI 呈现负相关关系，即 EASM 指数处于负相位时，SPEI 更多的是正值；在 2000 年以后呈正相关关系。进一步对其进行相关分析，PDO、AO、NAO（延迟）及 EASM 指数与年 SPEI 相关系数分别为 0.19、0.06、0.31 和 -0.16，表明 NAO 指数对 SPEI 相关性更高，EASM、PDO 指数影响次之，AO 指数最低，但仅 NAO 指数通过了 0.05 显著性水平。因此，总体上 NAO 指数对鄱阳湖流域干旱的影响稍大。

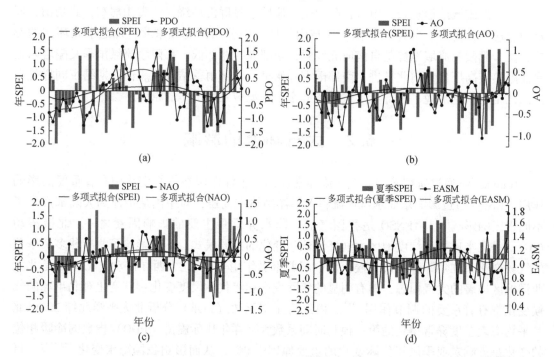

图 6.2　鄱阳湖流域 1961~2018 年 SPEI 与 PDO（a）、AO（b）、NAO（c）、
EASM（d）指数时间变化趋势图

进一步对鄱阳湖流域 1961~2018 年 SPEI 和三个大气环流指数（AO、NAO、PDO）不同月份的相关性进行分析，结果如图 6.3 所示。从图 6.3（a）可以看出，SPEI 与 PDO 指数响应的时间是在 9~10 月，总体来说，PDO 指数对 SPEI 相关性不显著。从图 6.3（b）可以看出，不管是当年还是延迟一年，AO 指数与 SPEI 相关性均较弱。相较于前两个大气环流指数（AO、PDO），NAO 指数对下一年的 SPEI 影响较明显，NAO 指数对 SPEI 的影响在 11~12 月比较显著。

6.2.2　鄱阳湖流域气象干旱与大气环流因子空间相关性

为了进一步反映大气环流因子对鄱阳湖流域内部差异影响，利用鄱阳湖流域 26 个站点 1961~2018 年 SPEI 与四个大气环流因子进行皮尔逊相关，结果如图 6.4、图 6.5 所示。

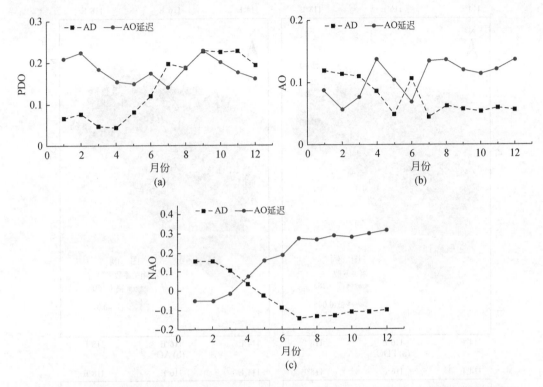

图 6.3　鄱阳湖流域 1961 ～ 2018 年 SPEI 与 PDO（a）、AO（b）、NAO（c）指数相关关系图

其中，图 6.4 为鄱阳湖流域 SPEI 与当年四个大气环流因子指数的空间相关性，图 6.5 为鄱阳湖流域 SPEI 与前一年四个大气环流因子指数的空间相关性。

从图 6.4 和图 6.5 可以看出，前一年 NAO 及当年 EASM 对鄱阳湖流域 SPEI 影响最为显著，其次为 PDO，而 AO 对鄱阳湖流域 SPEI 影响最小。从时间特征来看，鄱阳湖流域 SPEI 与前一年的 NAO、PDO、AO 指数和当年的 PDO、AO 指数呈正相关关系，与前一年的 EASM 指数和当年的 NAO、EASM 指数则呈负相关关系。可见，除 NAO 指数外，其余三种气候指数对珠江流域各区当年及下一年干旱的影响是相同的。从空间分布来看，前一年及当年的 PDO 指数对鄱阳湖流域各区域的影响较均匀，鄱阳湖流域内 SPEI 与 PDO 指数相关性水平不高，其中仅永丰站显著相关（$p < 0.05$），相关系数为 0.28，其他站点均未通过显著性水平检验，相关性较大区域主要分布于流域西北部、赣江中部及鄱阳湖西南岸。前一年及当年的 AO 指数对鄱阳湖流域各区域的影响较小，所有站点相关性均未通过显著性水平检验。前一年的 NAO 事件对鄱阳湖湖区及赣江上游区域影响较显著，26 个站点中有 11 个站点呈显著正相关关系（$p < 0.05$），其中，靖安、南昌及赣州站三个站点表现为极显著相关，中部相关性较大，东西两侧相关性较小；而当年的 NAO 事件则对鄱阳湖流域干旱的影响均较小，可见前一年的 NAO 事件对鄱阳湖流域干旱影响的区域差异性更大。而对于 EASM，总体而言，当年的 EASM 对鄱阳湖流域各区干旱的影响均较为显著，26 个站点中有 13 个站点呈显著相关（$p < 0.05$），其中，九个站点表现为极显著相关。显著正相关的站点有三个，主要分布在鄱阳湖流域西南部；显著负相关的站点有 10 个，主要分布

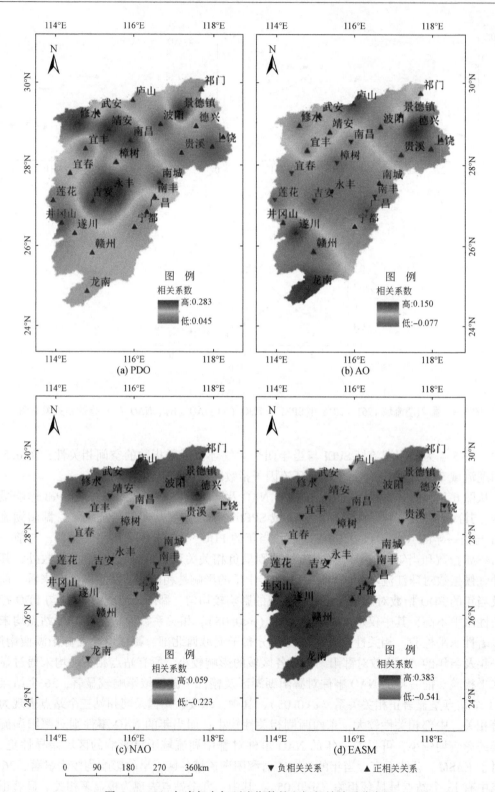

图 6.4　SPEI 与当年大气环流指数的空间相关关系分布图

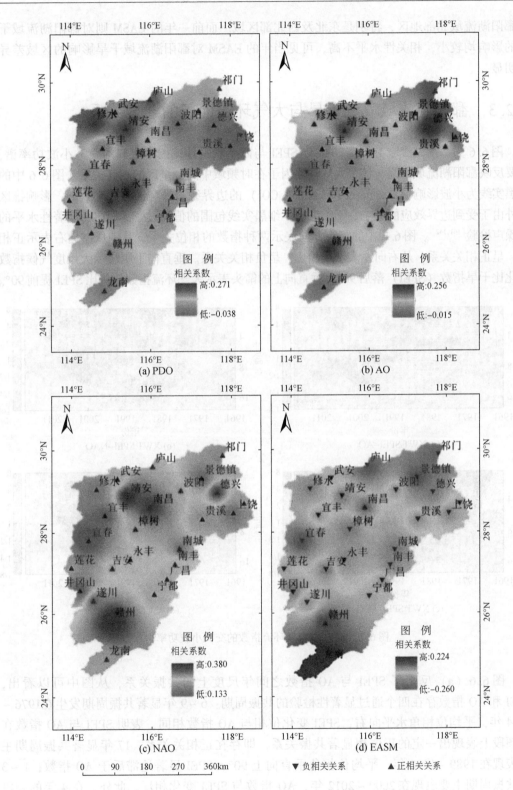

图 6.5 SPEI 与前一年大气环流指数的空间相关关系分布图

在鄱阳湖流域北部地区，特别是东北及西北部区域。而前一年的 EASM 则对鄱阳湖流域干旱的影响均较小，相关性水平不高，可见当年的 EASM 对鄱阳湖流域干旱影响的区域差异性明显。

6.2.3　鄱阳湖流域气象干旱与大气环流因子的共振关系

图 6.6 为鄱阳湖流域 1961～2018 年 SPEI 与四个大气环流因子之间的交叉小波功率谱，主要反映鄱阳湖流域干旱与各个大气环流因子在时频域中高能量区的相互关系。图 6.6 中的细黑实线为小波影响锥（cone of influence，COI）的边界线，影响锥内为有效谱，影响锥区域外由于受到边界效应的影响，不予考虑；细黑实线包围的值通过了 $\alpha = 0.05$ 显著性水平的红噪声检验[141,142]。图 6.6 中的箭头方向表示两种指数的相位关系，其中从左向右表示正相位，呈正相关关系；从右向左表示反相位，呈负相关关系。垂直向下则表示大尺度气候指数变化比干旱指数（SPEI）落后 90°；垂直向上的箭头表示大气环流指数变化比 SPEI 提前 90°。

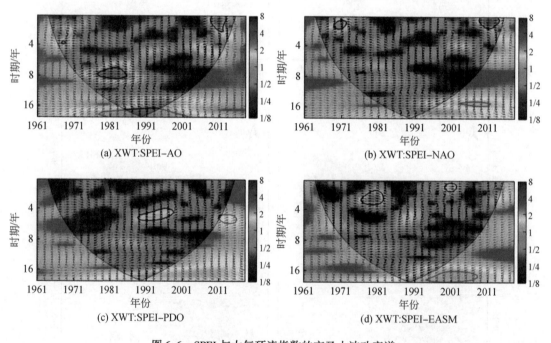

图 6.6　SPEI 与大气环流指数的交叉小波功率谱

图 6.6（a）反映了 SPEI 与 AO 指数之间年尺度上的共振关系，从图中可以看出，SPEI 和 AO 指数存在四个通过显著性检验的共振周期：6～9 年显著共振周期发生在 1976～1984 年，平均位相角水平向右，SPEI 变化位相与 AO 指数相同，表明 SPEI 与 AO 指数在此频段上表现出一定的正位相显著共振关系，即存在正相关关系；17 年显著共振周期主要表现在 1989～1992 年，平均位相角垂直向上 90°，SPEI 显著地滞后于 AO 指数；1～3 年共振周期主要表现在 2009～2012 年，AO 指数与 SPEI 变化相反。此外，在 4 年的频段上，两序列的交叉小波能量强度也通过显著性检验，但维持时间过短，没有形成稳定的相

关关系。图 6.6 (b) 可以看出，NAO 指数与 SPEI 存在两个显著的周期：在 1969~1972 年两者表现出 2~3 年的显著共振关系，平均位相角接近 90°，反映了 SPEI 显著地滞后于 NAO 指数；相较于 2~3 年频段，0~3 年共振周期内的交叉小波能量强度较强，主要发生在 2010~2012 年，NAO 指数与 SPEI 变化相反，两者呈现负相关关系。图 6.6 (c) 显示，PDO 指数与 SPEI 存在一个 5~6 年的显著共振周期，位相角接近垂直向上 90°，说明 SPEI 显著地滞后于 PDO 指数。图 6.6 (d) 反映的是 EASM 指数与 SPEI 之间年尺度上的共振关系；2~3 年的显著共振周期发生在 1979~1982 年，平均位相角水平向左，EASM 指数与 SPEI 变化相反，呈现出负相关关系；1~2 年的显著共振周期发生在 2000~2001 年，两者变化位相相同，其交叉小波能量强度较 2~3 年共振周期的弱。

从上述分析可以看出，SPEI 与四个大气环流指数 (NAO、AO、PDO、EASM) 表现出显著的时间相关性。在 1961~2018 年整个时期，大尺度气候指数对干旱演变的主导影响在鄱阳湖流域中发生了转移，从 20 世纪 60 年代末和 70 年代初之前的 NAO 指数，到 80 年代的 AO 和 EASM 指数，然后到 90 年代的 PDO 指数，再到 2000 年代初之后的 NAO 和 AO 指数。结合交叉小波能量强度可知，NAO 指数对流域干旱事件有显著影响。

6.3　ENSO 事件与鄱阳湖流域干旱

厄尔尼诺-南方涛动 (ENSO) 是影响全球气候最强烈的海洋-大气相互作用事件，往往会改变大气环流，导致全球气候发生异常，是全球气候变化的强烈信号。通常选用海温距平值和气候特征值作为判定其强弱的标准[142]。目前，鲜有学者将 SPEI 与 ENSO 相结合应用在鄱阳湖流域，也缺乏对大尺度气候因子与鄱阳湖流域干湿关系的系统认识。本节选用 Niño3.4 海区海面温度距平 (sea surface temperature anomaly，SSTA)、南方涛动指数 (SOI) 和 MEI 表征 ENSO，并基于 SPEI 探讨鄱阳湖流域气象干旱与 ENSO 的相关关系，以期更好地服务于鄱阳湖流域的干旱监测、水资源管理和农业生产。

6.3.1　ENSO 事件指数与鄱阳湖流域气象干旱的相关性分析

为了反映 ENSO 对鄱阳湖流域内部差异影响，利用鄱阳湖流域 26 个站点 1961~2018 年 SPEI 值与 Niño3.4、SOI 及 MEI 等三个 ENSO 指数进行皮尔逊相关，结果如图 6.7 所示。从图 6.7 中可以看出，MEI 对鄱阳湖流域 SPEI 影响最为显著，其次为 SOI 和 Niño3.4，鄱阳湖流域 SPEI 与同期 MEI、Niño3.4 呈正相关关系，而与同期 SOI 则呈负相关关系。从空间分布来看，Niño3.4 对鄱阳湖流域各区域干旱的影响以正相关为主，但流域内 SPEI 与 Niño3.4 相关性水平不高，其中仅莲花、永丰、广昌站呈显著相关 ($p<0.05$)，相关系数约 0.26，其他站点均未通过显著性水平检验，对鄱阳湖流域干旱的影响存在区域差异性，相关性较大区域主要分布于鄱阳湖流域中部。相比 Niño3.4 的影响，SOI 对鄱阳湖流域各区域干旱的影响则均呈负相关关系，除莲花、永丰站呈显著相关 ($p<0.05$)，相关系数约 0.28，其他站点均未通过显著性水平检验。相较于前两个指标，MEI 对鄱阳湖流域各区干旱的影响较为显著，且均呈正相关关系，26 个站点中有七个站点呈显著相关 ($p<0.05$)，

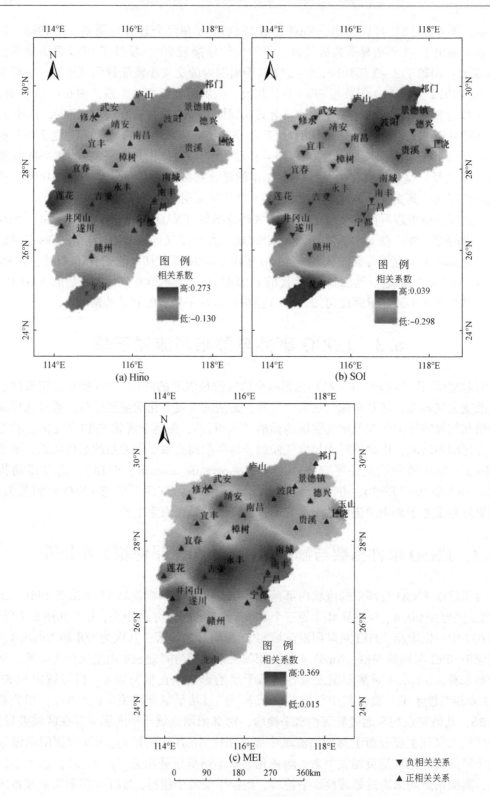

图 6.7　SPEI 与当年 ENSO 指数的空间相关关系分布

主要分布在鄱阳湖流域中东部区域。

图 6.8 为鄱阳湖流域 1961~2018 年 SPEI 与 Niño3.4、SOI 及 MEI 等三个 ENSO 指数之间的交叉小波功率谱，主要反映鄱阳湖流域干旱与 ENSO 各指标在时频域中高能量区的相互关系。从图 6.8 中可以明显看出，SPEI 与 ENSO 各指标之间的小波交叉谱具有明显的共同特征，两者均存在三个相似的显著性共振周期：1969~1972 年的 1~4 年、2009~2013 年的准 2 年和 1999~2003 年的准 4 年。1969~1972 年间，三种功率谱在 1~4 年波段交叉小波能量强度较强，然而三个指标与 SPEI 所表现的相关关系不同，SPEI-Niño3.4 与 SPEI-MEI 在此频段上平均位相角均右上接近 45°，Niño3.4、MEI 略超前于 SPEI，序列在此频段上均表现出一定的正位相共振关系，即存在正相关关系；相反，SPEI-SOI 在此频段上平均位相角左下接近 45°，SOI 与 SPEI 在此频段上均表现出一定的负位相共振关系，即存在负相关关系。此外，在 2009~2013 年的准 2 年和 1999~2003 年的准 4 年频段上，SPEI 和三个 ENSO 指标之间交叉小波能量强度也通过显著性检验，但维持时间过短，没有形成稳定的相关关系。综上所述，SPEI 与 Niño3.4 及 MEI 指数在年际尺度存在显著的正相关关系，而与 SOI 之间关系正好相反，也就是说，当南极冷空气向北入侵，太平洋海面温度（SST）降低或 SOI 增加时，SPEI 减少，鄱阳湖流域呈现干旱趋势。

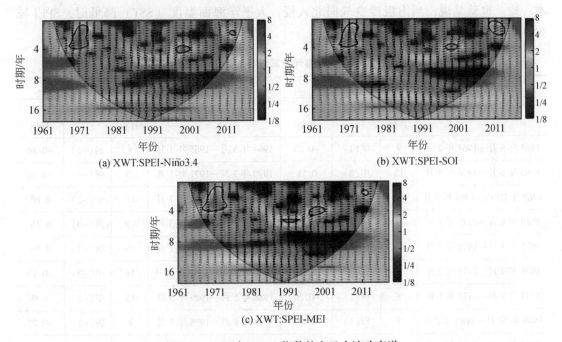

图 6.8　SPEI 与 ENSO 指数的交叉小波功率谱

6.3.2　El Niño 和 La Niña 对鄱阳湖流域气象干旱的影响

选择 Niño3.4 区的 SSTA 值数据来表征 ENSO 事件，当 SSTA 值高于 0.5℃，定义一次暖事件（El Niño 事件）；反之，当持续六个月低于 −0.5℃ 时，定义为一次冷事件（La

Niña 事件）。根据李晓燕[143]对于 ENSO 的指标划分，将 ENSO 事件年划分为强（±3）、中（±2）、弱（±1）以及未受影响（0）等级。为研究 ENSO 事件对鄱阳湖流域干旱的影响，对 1961～2018 年 ENSO 暖冷事件发生时间、强度进行统计，同时也对 ENSO 冷暖事件时期鄱阳湖流域 SPEI 值进行统计，结果如表 6.1 所示。

　　从表 6.1 可知，1961～2018 年间 ENSO 暖事件共发生了 18 次，发生频率为 31.03%，其中 SPEI>0 有 12 次，SPEI<0 的有 6 次，SPEI 平均值为 0.14；ENSO 冷事件发生了 16次，发生频率为 27.59%，其中 SPEI>0 的有 7 次，SPEI<0 的有 9 次，SPEI 平均值为 −0.12。统计结果表明，1961～2018 年间 ENSO 事件（El Niño 和 La Niña）期间鄱阳湖流域 SPEI 平均值为 0.0045，其中，El Niño 时期 SPEI 为 0.133，高于 La Niña 时期的 −0.124，而非 ENSO 事件时期鄱阳湖流域 SPEI 平均值为 0.088，高于 ENSO 事件时期。从统计结果来看，非 ENSO 冷暖事件时的 SPEI 均值相对较大，而 ENSO 冷暖事件时鄱阳湖流域 SPEI 相对较小，特别是在 ENSO 冷事件（La Niña）时期更小。由于 SPEI 数值越大，越"湿润"，反之"干旱"，说明 ENSO 冷暖事件变化对鄱阳湖流域干旱有一定影响，特别是在发生冷事件（La Niña 事件）时，鄱阳湖流域更容易发生干旱。有研究表明，当 ENSO 出现在寒冷阶段鄱阳湖流域的降水量相对较少[144]，这可能会导致干旱，这与本书研究结论基本一致。也就是说，当南极冷空气向北入侵，太平洋海面温度（SST）降低时，SPEI 减少，鄱阳湖流域呈现干旱趋势。

表 6.1　ENSO 冷暖事件及其对应的鄱阳湖流域 SPEI

暖事件（El Niño）				冷事件（La Niña）			
开始—结束时间	持续月数	强度	SPEI 均值	开始—结束时间	持续月数	强度	SPEI 均值
1963 年 6 月—1964 年 2 月	9	弱（1）	−0.23	1964 年 5 月—1965 年 1 月	9	弱（−1）	−0.86
1965 年 5 月—1966 年 4 月	12	中（2）	0.11	1970 年 7 月—1972 年 1 月	19	强（−3）	−0.26
1968 年 10 月—1969 年 5 月	8	弱（1）	0.10	1973 年 5 月—1974 年 7 月	15	中（−2）	0.08
1969 年 8 月—1970 年 1 月	6	弱（1）	0.13	1974 年 9 月—1976 年 3 月	19	强（−3）	0.36
1972 年 5 月—1973 年 3 月	11	中（2）	0.29	1983 年 5 月—1984 年 1 月	5	弱（−1）	0.06
1976 年 9 月—1977 年 2 月	6	弱（1）	0.16	1984 年 10 月—1985 年 8 月	11	中（−2）	−0.19
1977 年 9 月—1978 年 1 月	5	弱（1）	−0.20	1988 年 5 月—1989 年 5 月	13	中（−2）	−0.01
1979 年 10 月—1980 年 2 月	5	弱（1）	−0.72	1995 年 8 月—1996 年 3 月	8	弱（−1）	−0.23
1982 年 4 月—1983 年 7 月	16	强（3）	0.46	1998 年 7 月—2001 年 2 月	32	强（−3）	0.01
1986 年 9 月—1988 年 2 月	18	强（3）	−0.06	2005 年 10 月—2006 年 3 月	6	弱（−1）	0.10
1991 年 5 月—1992 年 6 月	14	中（2）	−0.03	2007 年 7 月—2008 年 6 月	12	中（−2）	−0.43
1994 年 9 月—1995 年 3 月	7	弱（1）	0.17	2008 年 11 月—2009 年 3 月	5	弱（−1）	−0.41
1997 年 5 月—1998 年 5 月	13	中（2）	0.81	2010 年 6 月—2011 年 5 月	12	中（−2）	−0.39
2002 年 6 月—2003 年 2 月	9	弱（1）	0.87	2011 年 7 月—2012 年 3 月	9	弱（−1）	0.19

续表

暖事件(El Niño)				冷事件(La Niña)			
2004 年 7 月—2005 年 2 月	8	弱(1)	0.20	2016 年 8 月—2016 年 12 月	5	弱(−1)	0.24
2006 年 9 月—2007 年 1 月	5	弱(1)	−0.16	2017 年 10 月—2018 年 3 月	6	弱(−1)	−0.25
2009 年 7 月—2010 年 3 月	9	弱(1)	0.05				
2014 年 11 月—2016 年 5 月	19	强(3)	0.53				

6.4　人类活动的影响

人类活动对气候产生的不利影响主要体现在以下：工业和农业生产中排放到大气的温室气体和各种污染物质，从而改变了大气的物质组成；农业和畜牧业的发展等其他活动导致草地和林地等遭到破坏从而引起下垫面性质改变[145,146]；在城市中，人类活动对地表的改造会改变水文过程，如蒸散发、下渗、地表和地下径流等，最终会影响该地区的干旱发展。本节利用 1980~2015 年江西省土地利用变化（图 6.9）定性描述鄱阳湖流域人类活动对干旱的影响。

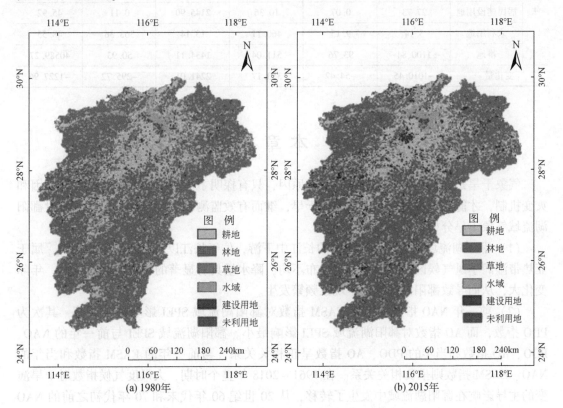

图 6.9　1980 年和 2015 年江西省土地利用空间分布

由表6.2可知，除草地以外，其他土地利用类型变化明显，其中居民建设用地增加面积最大，达到2241.01km²，居民建设用地的增加主要来自耕地的转化，为1434.11km²。耕地的面积减少得最多，为1227.96km²，主要转化成了林地和水体，草地、未利用地、居民建设用地变化不明显；林地减少的面积次之，为1010.45km²，主要转化为了耕地和草地。

总体上，居民建设用地大量扩张，耕地面积减少，林地面积大为缩减，草地面积也出现了减少。森林具有强大的涵养水源功能，林地有深厚的植被和地被物，其土壤具有良好的渗透性，能够吸收和滞留大量的降水，可以使土壤湿度增大，可供蒸发的水分增多，能够适当的增加降水，并有调节气候的作用。可以看出，鄱阳湖流域近35年来林地、草地减少，为干旱事件的发生提供条件。

表6.2　1980年和2015年鄱阳湖流域土地利用面积变化转移矩阵　（单位：km²）

面积		1980年					
		林地	草地	水体	居民建设用地	未利用地	耕地
2015年	林地	104582.46	704.02	89.25	733.57	9.70	1294.22
	草地	632.87	5105.75	19.06	100.28	0	132.97
	水体	50.00	23.73	5710.55	44.10	177.63	441.19
	居民建设用地	27.73	0.07	10.36	2145.90	0.11	45.92
	未利用地	3.14	9.15	460.11	13.14	363.36	48.55
	耕地	1100.84	93.76	511.04	1434.11	50.93	40589.27
变化量		−1010.45	−54.42	353.17	2241.01	−295.72	−1227.96

6.5　本　章　小　结

气象干旱是其他各类干旱发生的根本原因，只有探明了气象干旱的发生规律、成因和灾变机制，才能进一步研究其他类型的干旱，继而有效监测和预警各类干旱。通过对鄱阳湖流域气象干旱分析，得到以下结论：

（1）鄱阳湖流域地处中纬度地区的长江中下游，位于长江以南，南岭以北之间，属于亚热带湿润季风气候区，降水量时空分布不均，降水量具有显著的季节性、地域性，年际变化大，从而导致鄱阳湖流域干旱现象频繁发生。

（2）前一年NAO指数及当年EASM指数对鄱阳湖流域SPEI影响最为显著，其次为PDO指数，而AO指数对鄱阳湖流域SPEI影响最小。鄱阳湖流域SPEI与前一年的NAO、PDO、AO指数和当年的PDO、AO指数呈正相关关系，与前一年的EASM指数和当年的NAO、EASM指数则呈负相关关系。在1961~2018年整个时期，大尺度气候指数对干旱演变的主导影响在鄱阳湖流域中发生了转移，从20世纪60年代末和70年代初之前的NAO指数，到20世纪80年代的AO和EASM指数，然后到20世纪90年代的PDO指数，再到21世纪初之后的NAO和AO指数。总体而言，NAO指数对鄱阳湖流域干旱的影响稍大。

（3）SPEI 与 Niño3.4 及 MEI 在年际尺度存在显著的正相关关系，而与 SOI 之间关系正好相反，影响较大的区域主要分布在鄱阳湖流域中东部。非 ENSO 冷暖事件时的 SPEI 均值相对较大，而 ENSO 冷暖事件时鄱阳湖流域 SPEI 相对较小，特别是在 ENSO 冷事件（La Niña）时期更小，说明 ENSO 冷暖事件，特别是在发生冷事件（La Nina 事件）时，鄱阳湖流域更容易发生干旱。

（4）1980～2015 年鄱阳湖流域居民建设用地增加面积最大，达到 2241.01km²，耕地的面积减少得最多，为 1227.96km²，主要转化成了林地和水体，林地减少的面积次之，为 1010.45km²，主要转化为了耕地和草地。鄱阳湖流域近 35 年来林地、草地减少，为干旱事件的发生提供条件。

第7章 主要结论与展望

7.1 主 要 结 论

本书以鄱阳湖流域气象干旱为研究对象，基于标准化降水蒸散指数（SPEI），应用统计学、GIS 及多模式集合评估等技术方法，深入研究鄱阳湖流域干旱演变规律，揭示鄱阳湖流域干旱对气候变化的响应机理。利用鄱阳湖流域降水、气温等气象资料，采用 SPI 和历史旱情资料验证 SPEI 在该流域的适用性；运用 M-K 检验、小波分析等方法，分析了1961～2018 年鄱阳湖流域气温、降水的时空变化特征，年际和四季干旱指数、干旱频率、干旱站次比和干旱强度时空变化特征；探究了干旱对鄱阳湖流域农业生产的影响，并结合大气环流变化、ENSO 事件和人类活动进行了鄱阳湖流域干旱成因分析；采用 CMIP5 多模式集合方法，预估 RCP2.6、RCP4.5 和 RCP8.5 排放情景下 2019～2100 年的干旱变化，揭示气候变化对鄱阳湖流域未来干旱的长期影响。通过以上研究，得到的主要结论如下：

（1）鄱阳湖流域年平均气温以 0.20℃/10a 的速率呈现显著上升趋势，20 世纪 90 年代到 21 世纪初十年时期的增温幅度最快。四季气温呈现增温趋势，增温速率依次为冬季>春季>秋季>夏季。流域年降水量以 30.61mm/10a 的速率呈现增加趋势，具有很强的波动性且年降水分布不均，呈现"增加—减少—增加"的变化。除春季降水量呈减少趋势，夏季、秋季、冬季均呈增加趋势，变化速率为夏季>秋季>冬季>春季，其中春夏两季降水量变化明显。通过对比分析 SPI 和 SPEI 两种指数对鄱阳湖流域短、中和长期尺度干旱的表征状况，发现 SPEI 在计算三种时间尺度的干旱频率普遍偏低。根据鄱阳湖流域气象站点计算出的月尺度的 SPEI 和 SPI，对比鄱阳湖流域历史干旱统计数据，SPEI 表征的干旱状况与实际平均吻合率为 71.58%。因此，选用 SPEI 能够较为准确的表征鄱阳湖流域气象干旱年际和季节变化、时空分布、干旱指标评估等特征。

（2）鄱阳湖流域 1961～2018 年尺度 SPEI 呈增大趋势，21 世纪 10 年代干旱与湿润交替，且波动较大。鄱阳湖流域不同季节干湿状况存在相反变化趋势，春季和秋季具有干旱化趋势，夏季和冬季呈现变湿趋势，但趋势均不显著。春季流域西部及湖区干旱趋势最明显，秋季干旱主要集中在鄱阳湖流域南部。流域年以及季节干旱主要以轻度干旱和中度干旱为主，随着干旱等级升高，干旱频率降低。此外，春季和夏季是发生轻度干旱最频繁的季节（19%），秋季是发生中度干旱最多的季节（13.8%），冬季是发生重度干旱最多的季节（6.5%）。鄱阳湖流域发生干旱频率最高的季节是春季（33.29%），其次为秋季（33.22%），冬季最低（29.84%），总体差异不大。年尺度干旱频率整体上呈现"中部及东北部高、南部及西北部低"的分布特征，春旱频率整体呈中东部和西北部高、西南部和东北部偏低的空间分布特征，秋旱频率整体呈"西北部高、东南部低"的分布特征。鄱阳湖流域年尺度干旱发生范围在波动中呈不断减少趋势，而自 21 世纪以来鄱阳湖流域干旱影响范围呈扩大化趋势。年尺度与四季干旱类型主要以全域性干旱和局域性干旱为主。不同季节干湿状况存在相反变化趋势，春季和秋季干旱范围有扩大趋势，而夏季和冬季干旱范围呈现缩减趋势。在年代际上，年尺度和春季在21世纪初十年干旱影响范围最大，夏季、秋季、冬季则分别在20世纪80、90和60年代干旱影响范围最大。流域58年内年尺度干旱强度呈微弱减少趋势，但是20世纪90年代中后期，尤其是进入21世纪以来干旱强度呈现增加态势。夏季干旱强度最大，春季、秋季与冬季的干旱强度接近，春季和秋季的干旱强度呈增加趋势，夏季和冬季干旱强度呈减少趋势。在年代际上，鄱阳湖流域在20世纪60年代、21世纪初十年干旱程度较为严重，在20世纪70、90年代干旱程度相对较轻。鄱阳湖流域全年的干旱状态与农业生产密切相关，特别是在主要粮食作物生长季的4~9月最为显著。

（3）鄱阳湖流域年平均和四季气温都有随着温室气体排放浓度增大而持续增高的特征，且温室气体浓度越大，气温升高幅度越大；四季未来气温在各排放情景下都存在增温现象，冬季的增温幅度最大，在RCP8.5排放情景下增温达3.25℃，其次是秋季、春季和夏季。鄱阳湖流域的年降水量也是随时间推移而增多，即21世纪初期<中期<末期，降水量四季增幅从大到小是冬季>春季>秋季>夏季。随着温室气体排放浓度的增大，鄱阳湖流域2019~2100年的干旱指数（SPEI）下降幅度增大，RCP4.5和RCP8.5排放情景下以−0.11/10a和−0.33/10a的速率显著下降；在空间上，干旱发生从研究区东北部、西北部向东南部范围逐渐加大。三种排放情景下的鄱阳湖流域年尺度干旱主要以轻度干旱和中度干旱为主，随着干旱等级升高，干旱频率降低。三种排放情景下的四季干旱主要发生在21世纪中后期。随着温室气体排放浓度的增大，鄱阳湖流域2019~2100年干旱烈度和干旱强度也随着增大。

（4）从地理环境看，鄱阳湖流域地处中纬度地区的长江中下游，降水量时空分布不均，降水量具有显著的季节性、地域性，年际变化大，从而导致鄱阳湖流域干旱现象频繁发生。从大气环流因子看，鄱阳湖流域SPEI与前一年NAO、PDO、AO指数和当年PDO、AO指数呈正相关关系，与前一年EASM指数和当年NAO、EASM指数则呈负相关关系。前一年NAO指数及当年EASM指数对鄱阳湖流域SPEI影响最为显著。大尺度气候指数对干旱演变的主导影响在鄱阳湖流域中发生了转移，从20世纪60年代末和70年代初之前的NAO指数，到20世纪80年代的AO和EASM指数，然后到20世纪90年代的PDO指数，再到2000年代初之后的NAO和AO指数。SPEI与Niño3.4及MEI指数在年际尺度存在显著正相关，而与SOI之间关系正好相反，影响区域主要分布在鄱阳湖中东部。非ENSO冷暖事件时SPEI均值相对较大，而ENSO冷暖事件时鄱阳湖流域SPEI相对较小，特别是在ENSO冷事件（La Niña）时期更小，说明ENSO冷暖事件，特别是在发生冷事件（La Niña事件）时，鄱阳湖流域更容易发生干旱。从人类活动看，1980~2015年鄱阳湖流域居民建设用地增加面积最大，达到2241.01km²，耕地的面积减少最多，为1227.96km²，主要转化成了林地和水体，林地减少的面积次之，为1010.45km²，主要转化为了耕地和草地。鄱阳湖流域近35年来林地、草地减少，为干旱事件的发生提供条件。

7.2　研究不足与展望

本书基于 1961~2018 年鄱阳湖流域及周边 38 个气象站点观测资料，结合历史实测干旱事件，探讨了 SPEI 在鄱阳湖流域气象干旱的适用性；在此基础上，对鄱阳流域不同尺度气象干旱时空变化特征进行分析，结合 CMIP5 气候模式数据对 2019~2100 年鄱阳湖流域干旱进行了预估，并从地理环境特征、大气环流变化和人类活动三个方面对干旱成因进行了分析，然而本研究还存在一些不足：

（1）未来气候模式数据利用了六种不同气候模式数据并进行了多模式集合，在后续研究中可以考虑采用更多的气候模式数据，预估效果会更好。

（2）气象干旱是其他干旱产生和发展的基础，本研究重点对鄱阳湖流域气象干旱发生特征及成因进行详细分析，没有涉及气象干旱对其他干旱的影响，有待于进一步深入研究。

参 考 文 献

[1] Working Group I of the IPCC. Climate Change 2013:The Physical Science Basis. IPCC Fifth Assessment Report.

[2] Mackay S L,Arain M A,Khomik M,et al. The impact of induced drought on transpiration and growth in a temperate pine plantation forest. Hydrological Processes,2012,26(12):1779-1791.

[3] Melillo J M,Mcguire A D,Kicklighter D W,et al. Global climate change and terrestrial net primary production. Nature,1993,363(6426):234-240.

[4] Rollins K,James J J,Sheley R L,et al. A systems approach to restoring degraded drylands. Journal of Applied Ecology,2013,50(3):730-739.

[5] 屈艳萍,郦建强,吕娟,等. 旱灾风险定量评估总体框架及其关键技术. 水科学进展,2014,25(2):297-304.

[6] 翁白莎,严登华. 变化环境下我国干旱灾害的综合应对. 中国水利,2010,(7):4-7.

[7] Paulo A A,Pereira L S. Drought concepts and characterization. Water International,2006,31(1):37-49.

[8] 国家防汛抗旱总指挥部,中华人民共和国水利部. 中国水旱灾害公报2017. 北京:中国地图出版社,2018.

[9] Working Group I of the IPCC. Climate Change 2013:The Physical Science Basis. IPCC WGI Fifth Assessment Report,2014.

[10] Murray V,Ebi K L. IPCC special report on managing the risks of extreme events and disasters to advance climate change adaptation(SREX). Journal of Epidemiology & Community Health,2012,66(9):759.

[11] Wang G Q,Zhang J Y,Jin J L,et al. Assessing water resources in China using PRECIS projections and VIC model. Hydrology and Earth System Sciences Discussions,2011,16(1):231-240.

[12] Yu M,Li Q,Hayes M J,et al. Are droughts becoming more frequent or severe in China based on the standardized precipitation evapotranspiration index:1951−2010? International Journal of Climatology,2014,34(3):545-558.

[13] Tsakiris G. Drought risk assessment and management. Water Resources Management,2017,31(10):3083-3095.

[14] Dai A. Drought under global warming:a review. Wiley Interdisciplinary Reviews Climate Change,2011,2(1):45-65.

[15] Li J. Scientists line up against dam that would alter protected wetlands. Science,2009,326(5952):508-509.

[16] 闵骞,闵聘. 鄱阳湖区干旱演变特征与水文防旱对策. 水文,2010,30(1):84-88.

[17] 翟盘茂,李茂松,高学杰. 气候变化与灾害. 北京:气象出版社,2009.

[18] 任婧宇. 黄土高原1901～2100年气候变化及趋势研究. 咸阳:西北农林科技大学,2018.

[19] Gao X,Shi Y,Song R,et al. Reduction of future monsoon precipitation over China:comparison between a high resolution RCM simulation and the driving GCM. Meteorology & Atmospheric Physics,2008,100(1-4):73-86.

[20] Dimri A P,Kumar D,Choudhary A,et al. Future changes over the Himalayas:mean temperature. Global &

Planetary Change,2018,162:212-234.

[21] Gao X,Zhao Q,Zhao X,et al. Temporal and spatial evolution of the standardized precipitation evapotranspiration index(SPEI)in the Loess Plateau under climate change from 2001 to 2050. Science of the Total Environment, 2017,595:191.

[22] Siqin T, Xiangqian L, Jiquan Z, et al. Spatial and temporal variability in extreme temperature and precipitation events in Inner Mongolia (China) during 1960-2017. Science of the Total Environment,649: 75-89.

[23] 王珂清. 近五十年淮河流域气候变化与未来情景预估. 南京:南京信息工程大学,2013.

[24] 罗勇,王绍武,党鸿雁,等. 近20年来气候模式的发展与模式比较计划. 地球科学进展,2002,17(3): 372-377.

[25] Tang J,Niu X,Wang S,et al. Statistical and dynamical downscaling of regional climate in China:Present climate evaluations and future climate projections. Journal of Geophysical Research Atmospheres,2016,121 (5):2110-2129.

[26] Kong X,Wang A,Bi X,et al. Assessment of temperature extremes in China using RegCM4 and WRF. Advances in Atmospheric Sciences,2019,36(4):363-377.

[27] Peng S Q,Liu D L,Sun Z B,et al. Recent advances in regional air-sea coupled models. Science China Earth Sciences,2012,55(9):1391-1405.

[28] 陶纯苇. CMIP5 多模式对东北地区气候变化的模拟与预估. 北京:北京林业大学,2016.

[29] 张冰. CMIP5 全球气候模式对中国极端温度事件模拟能力检验与未来预估. 成都:成都信息工程学院,2015.

[30] Berkhout F,Hurk B V D,Bessembinder J,et al. Framing climate uncertainty:socio- economic and climate scenarios in vulnerability and adaptation assessments. Regional Environmental Change, 2014, 14 (3): 879-893.

[31] 林而达,刘颖杰. 温室气体排放和气候变化新情景研究的最新进展. 中国农业科学,2008,41(6): 1700-1707.

[32] Fischer T,Gemmer M,Liu L,et al. Temperature and precipitation trends and dryness/wetness pattern in the Zhujiang River Basin,South China,1961-2007. Quaternary International,2011,244(2):138-148.

[33] 方晓,蔡冰,郑石. 我国年平均气温和冬季气温研究进展. 安徽农业科学,2016,(12):153-154.

[34] 韩翠华,郝志新,郑景云. 1951~2010 年中国气温变化分区及其区域特征. 地理科学进展,2013,32 (6):887-896.

[35] 冯伟. 信阳市气候要素变化对气象灾害的影响. 兰州:兰州大学,2018.

[36] Alexander L V,Zhang X B,Peterson T C,et al. Global observed changes in daily climate extremes of temperature and precipitation. Journal of Geophysical Research Atmospheres,2006,111(D5):1042-1063.

[37] 韩芳. 气候变化对内蒙古荒漠草原生态系统的影响. 呼和浩特:内蒙古大学,2013.

[38] 王明田. 气候变化背景下四川农业季节性干旱的发展趋势及应对措施. 成都:四川农业大学,2012.

[39] 周文魁. 气候变化对中国粮食生产的影响及应对策略. 南京:南京农业大学,2012.

[40] 王文亚. 变化环境下无定河流域水文干旱演变规律及驱动机制分析. 咸阳:西北农林科技大学,2017.

[41] Heim R R. 美国20世纪干旱指数评述. 周跃武,冯建英译. 干旱气象,2006,24(1):79-89.

[42] Smakhtin V U,Hughes D A. Review,automated estimation and analyses of drought indices in South Asia. Iwmi Working Paper,2004.

[43] 符淙斌,马柱国. 全球变化与区域干旱化. 大气科学,2008,32(4):752-760.

[44] 马柱国,符淙斌. 1951~2004 年中国北方干旱化的基本事实. 科学通报,2006,51(20):2429.

[45] Keyantash J, Dracup J A. The quantification of drought: an evaluation of drought indices. Bulletin of the American Meteorological Society, 2002, 83(8): 1167-1180.

[46] 邹旭恺, 张强. 1951~2006 年我国干旱时空变化特征分析. 中国气象学会年会, 2007.

[47] Vicenteserrano S M, Beguería S, Lópezmoreno J I. A multiscalar drought index sensitive to global warming: the standardized precipitation evapotranspiration index. Journal of Climate, 2010, 23(7): 1696-1718.

[48] Palmer W C. Keeping track of crop moisture conditions, nationwide: the new crop moisture index. Weatherwise, 1968, 21(4): 156-161.

[49] Rossi G. Requisites for a Drought Watch System. Dordrecht: Springer, 2003.

[50] 鞠笑生, 杨贤为. 我国单站旱涝指标确定和区域旱涝级别划分的研究. 应用气象学报, 1997, 8(1): 26-33.

[51] 谭桂容, 孙照渤, 陈海山. 旱涝指数的研究. 大气科学学报, 2002, 25(2): 153-158.

[52] Park J H, Kim K B, Chang H Y. Statistical properties of effective drought index (EDI) for Seoul, Busan, Daegu, Mokpo in South Korea. Asia-Pacific Journal of Atmospheric Sciences, 2014, 50(4): 453-458.

[53] Bandyopadhyay N, Saha A K. Analysing meteorological and vegetative drought in Gujarat. In: Singh M, et al (eds). Climate Change and Biodiversity: Proceedings of IGU Rohtak Conference, Vol. 1. Dordrecht: Springer, 2014.

[54] Hanson A D, Nelsen C E, Everson E H. Evaluation of free proline accumulation as an index of drought resistance using two contrasting barley cultivars. Crop Science, 1977, 17(5): 720-726.

[55] Hong W, Hayes M J, Weiss A, et al. An evaluation of the standardized precipitation index, the China-Z index and the statistical Z-score. International Journal of Climatology, 2001, 21(6): 745-758.

[56] 闫桂霞, 陆桂华, 吴志勇, 等. 基于 PDSI 和 SPI 的综合气象干旱指数研究. 水利水电技术, 2009, 40(4): 10-13.

[57] 全国气象防灾减灾标准化技术委员会, 中国标准出版社. 灾害性天气预警与气象服务. 北京: 中国标准出版社, 2012.

[58] Elasmy A A, Alabdeen A Z, Elmaaty W M, et al. Establish a new system——AQSIQ promulgates and implements the emergency plan for handling quality and safety of imported and exported agricultural products and foodstuffs. China Standardization, 2008, 26(2): 1516-1522.

[59] 刘昌明. 华北平原农业水文及水资源. 北京: 科学出版社, 1989.

[60] Bhalme H N, Mooley D A. Large-scale droughts/floods and monsoon circulation. Monthly Weather Review, 1980, 108(108): 1197.

[61] Gibbs W J, Maher J V. Rainfall deciles as drought indicators. Bureau of Meteorology Bulletin No. 48, Commonwealth of Australia, Melbourne, 1967.

[62] Benton G S. Drought in the United States analyzed by means of the theory of probability. Technical Bulletins, (819): 1981.

[63] 王林, 陈文. 标准化降水蒸散指数在中国干旱监测的适用性分析. 高原气象, 2014, 33(2): 423-431.

[64] 李伟光, 易雪, 侯美亭, 等. 基于标准化降水蒸散指数的中国干旱趋势研究. 中国生态农业学报, 2012, 20(5): 643-649.

[65] Oladipo O. A comparative performance analysis of three meteorological drought indices. International Journal of Climatology, 2010, 5(6): 655-664.

[66] Hayes M J, Svoboda M D, Wilhite D A, et al. Monitoring the 1996 drought using the standardized precipitation index. Bulletin of the American Meteorological Society, 1999, 80(80): 429-438.

[67] Potop V, Boroneanţ C, Možný M, et al. Observed spatiotemporal characteristics of drought on various time

scales over the Czech Republic. Theoretical & Applied Climatology,2014,115(3-4):563-581.

[68] Gouveia C M,Ramos P,Russo A,et al. Drought trends in the Iberian Peninsula over the last 112 years. Advances in Meteorology,2017,17(1):1-13.

[69] Chen H,Sun J. Changes in drought characteristics over China using the standardized precipitation evapotranspiration index. Journal of Climate,2015,28(13):5430-5447.

[70] Wen W,Ye Z,Xu R,et al. Drought severity change in China during 1961~2012 indicated by SPI and SPEI. Natural Hazards,2015,75(3):2437-2451.

[71] 刘元波,赵晓松,吴桂平. 近十年鄱阳湖区极端干旱事件频发现象成因初析. 长江流域资源与环境, 2014,23(1):131-138.

[72] 郭华,张奇,王艳君. 鄱阳湖流域水文变化特征成因及旱涝规律. 地理学报,2012,67(5):699-709.

[73] 王怀清,殷剑敏,孔萍,等. 鄱阳湖流域千年旱涝变化特点及 R/S 分析. 长江流域资源与环境,2015,24 (7):1214-1220.

[74] 洪兴骏,郭生练,马鸿旭,等. 基于 SPI 的鄱阳湖流域干旱时空演变特征及其与湖水位相关分析. 水 文,2014,34(2):25-31.

[75] 唐国华,胡振鹏. 气候变化背景下鄱阳湖流域历史水旱灾害变化特征. 长江流域资源与环境,2017,26 (8):167-176.

[76] Novick K A,Ficklin D L,Stoy P C,et al. The increasing importance of atmospheric demand for ecosystem water and carbon fluxes. Nature Climate Change,2016,6(11):1023-1027.

[77] Lin W,Wen C. A CMIP5 multimodel projection of future temperature,precipitation,and climatological drought in China. International Journal of Climatology,2014,34(6):2059-2078.

[78] Kim H M,Webster P J,Curry J A. Evaluation of short-term climate change prediction in multi-model CMIP5 decadal hindcasts. Geophysical Research Letters,2012,39(10):L10701.

[79] 许崇海,罗勇,徐影. IPCC AR4 多模式对中国地区干旱变化的模拟及预估. 冰川冻土,2010,V32(5): 867-874.

[80] 赵天保,陈亮,马柱国. CMIP5 多模式对全球典型干旱半干旱区气候变化的模拟与预估. 科学通报, 2014,59(12):1148.

[81] 黄荣辉. ENSO 及热带海-气相互作用动力学研究的新进展. 大气科学,1990,14(2):234-242.

[82] 许武成,马劲松,王文. 关于 ENSO 事件及其对中国气候影响研究的综述. 气象科学,2005,25 (2):212.

[83] 龚道溢,王绍武. ENSO 对中国四季降水的影响. 自然灾害学报,1998,(4):44-52.

[84] 周丹,张勃,任培贵,等. 基于标准化降水蒸散指数的陕西省近 50a 干旱特征分析. 自然资源学报, 2014,(4):677-688.

[85] 佟斯琴. 气候变化背景下内蒙古地区气象干旱时空演变及预估研究. 长春:东北师范大学,2019.

[86] 张丽艳,杨东,马露. 京津冀地区气象干旱特征及其成因分析. 水力发电学报,2017,36(12): 28-38.

[87] 徐泽华,韩美. 山东省干旱时空分布特征及其与 ENSO 的相关性. 中国生态农业学报,2018,26(8): 1236-1248.

[88] 霍雨. 鄱阳湖形态特征及其对流域水沙变化响应研究. 南京:南京大学,2011.

[89] 安阳. 江西五大河流之源. 江西科学,1994,(2): 105-112.

[90] 杨荣清,胡立平,史良云. 江西河流概述. 江西水利科技,2003,29(1): 27-30.

[91] 王政琪. CMIP5 全球气候模式对东亚冬季气候特征模拟能力评估与未来变化预估. 北京:中国气象 科学研究院,2017.

[92] 赵宗慈. IPCC 报告对未来气候变化的预估可信吗? 气候变化研究进展,2010,6(5):386-387.

[93] Taylor K E, Stouffer R J, Meehl G A. An overview of CMIP5 and the experiment design. Bulletin of the American Meteorological Society, 2012, 93(4): 485-498.

[94] 赵宗慈, 罗勇, 黄建斌. 从检验 CMIP5 气候模式看 CMIP6 地球系统模式的发展. 气候变化研究进展, 2018, 14(6): 101-106.

[95] 陈晓晨, 徐影, 许崇海, 等. CMIP5 全球气候模式对中国地区降水模拟能力的评估. 气候变化研究进展, 2014, 10(3): 217-225.

[96] 苏琪骅. 基于 CMIP5 模式在中国地区温度与降水的模拟评估及集合预报方法研究. 合肥: 中国科学技术大学, 2017.

[97] Rayner N A, Parker D E, Horton E B, et al. Global analyses of sea surface temperature, sea ice, and night marine air temperature since the late nineteenth century. Journal of Geophysical Research, 2003, 108(D14): 4407.

[98] 刘纪远, 张增祥, 庄大方. 二十世纪九十年代我国土地利用变化时空特征及其成因分析. 中国科学院院刊, 2003, 18(1): 35-37.

[99] 陈双溪. 中国气象灾害大典·江西卷. 北京: 气象出版社, 2006.

[100] 裴文涛, 陈栋栋, 薛文辉, 等. 近 55 年来河西地区干旱时空演变特征及其与 ENSO 事件的关系. 干旱地区农业研究, 2019, 37(1): 256-264.

[101] 魏凤英. 现代气候统计诊断与预测技术. 北京: 气象出版社, 2007.

[102] Elsayed M A K. Application of continuous wavelet analysis in distinguishing breaking and nonbreaking waves in the wind-wave time series. Journal of Coastal Research, 2008, 24(1): 273-277.

[103] 张代青, 梅亚东, 杨娜, 等. 中国大陆近 54 年降水量变化规律的小波分析. 武汉大学学报(工学版), 2010, 43(3): 278-282.

[104] 桑燕芳, 王栋. 水文序列小波分析中小波函数选择方法. 水利学报, 2008, 39(3): 295-300.

[105] 孙智辉, 王治亮, 曹雪梅, 等. 基于标准化降水指数的陕西黄土高原地区 1971—2010 年干旱变化特征. 中国沙漠, 2013, 33(5): 1560-1567.

[106] 黄晚华, 杨晓光, 李茂松, 等. 基于标准化降水指数的中国南方季节性干旱近 58a 演变特征. 农业工程学报, 2010, 26(7): 50-59.

[107] 胡梅. 江西省干旱及其对粮食生产的影响遥感研究. 南昌: 江西师范大学, 2008.

[108] 林盛吉. 基于统计降尺度模型的钱塘江流域干旱预测和评估. 杭州: 浙江大学, 2011.

[109] Taylor K E. Summarizing multiple aspects of model performance in a single diagram. Journal of Geophysical Research Atmospheres, 2001, 106(D7): 7183-7192.

[110] 沈成. 基于统计降尺度方法的长江中下游气温的多模式集合模拟与预估. 上海: 华东师范大学, 2018.

[111] Hay L E, Wilby R L, Leavesley G H. A comparison of delta change and downscaled GCM scenarios for three mountainous basins in the United States. Journal of the American Water Resources Association, 2000, 36(2): 387-397.

[112] 刘倩, 高路, 马苗苗, 等. 辽宁大凌河流域气温和降水降尺度研究. 水利水电技术, 2021, 52(9): 16-31.

[113] 丁一汇. 季节气候预测的进展和前景. 气象科技进展, 2011, 1(3): 14-27.

[114] 胡芩, 姜大膀, 范广洲. CMIP5 全球气候模式对青藏高原地区气候模拟能力评估. 大气科学, 2014, 38(5): 924-938.

[115] Xuan W, Chong M, Kang L, et al. Evaluating historical simulations of CMIP5 GCMs for key climatic variables in Zhejiang Province, China. Theoretical & Applied Climatology, 2015, 128(1-2): 1-16.

[116] 赵天保,李春香,左志燕. 基于 CMIP5 多模式评估人为和自然因素外强迫在中国区域气候变化中的相对贡献. 中国科学: 地球科学,2016,46(2): 237-252.

[117] 景丞,王艳君,姜彤,等. CMIP5 多模式对朝鲜干旱模拟与预估. 干旱区资源与环境,2016,30(12): 95-102.

[118] 赵亮,刘健,靳春寒. CMIP5 多模式集合对江苏省气候变化模拟评估及情景预估. 气象科学,2019, 39(6):739-746.

[119] 张学珍,李侠祥,徐新创,等. 基于模式优选的 21 世纪中国气候变化情景集合预估. 地理学报,2017, 72(9): 1555-1568.

[120] 张林燕,郑巍斐,杨肖丽,等. 基于 CMIP5 多模式集合和 PDSI 的黄河源区干旱时空特征分析. 水资源保护,2019,35(6):95-99,137.

[121] Ping H, Ying J. A multimodel ensemble pattern regression method to correct the tropical Pacific SST Change patterns under global warming. Journal of Climate,2015,28(12): 4706-4723.

[122] 刘智天,郝振纯,徐海卿,等. 基于模式集成的松花江流域气候模拟预估. 水力发电,2020,46(8): 14-18.

[123] 胡义明,罗序义,梁忠民,等. 基于藤 Copula 多维联合分布的 CMIP5 多模式降雨综合方法研究. 中国农村水利水电,2021,(4): 10-15.

[124] 金浩宇,鞠琴,曲珍,等. 基于集成方法的长江源区未来气候变化预测研究. 水力发电,2019,45(11): 9-13.

[125] 安琪. 硝酸盐气溶胶光学厚度和有效辐射强迫的模拟研究. 北京:中国气象科学研究院,2017.

[126] 朱红霞,赵淑莉. 中国典型城市主要大气污染物的浓度水平及分布的比较研究. 生态环境学报, 2014,(5): 791-796.

[127] 刘小刚,冷险险,孙光照,等. 基于 1961 ~ 2100 年 SPI 和 SPEI 的云南省干旱特征评估. 农业机械学报,2018,49(12): 236-245.

[128] 周丹. 1961 ~ 2013 年华北地区气象干旱时空变化及其成因分析. 兰州:西北师范大学,2015.

[129] 万智巍,贾玉连,洪祎君,等. 基于 EEMD 和 EOF 的鄱阳湖流域近 550a 来旱涝时空变化. 长江流域资源与环境,2018,27(4): 919-928.

[130] Namias J. Recent seasonal interactions between North Pacific waters and the overlying atmospheric circulation. Journal of Geophysical Research,1959,64(6): 631-646.

[131] 赵水平,陈永利. 一百多年来 ENSO 事件分类和 ENSO 循环研究. 海洋湖沼通报,1998,(3): 7-12.

[132] 李双双,杨赛霓,刘宪锋. 1960 ~ 2013 年秦岭-淮河南北极端降水时空变化特征及其影响因素. 地理科学进展,2015,34(3): 354-363.

[133] Hurrell J W. Decadal trends in the north atlantic oscillation: regional temperatures and precipitation. Science,1995,269(5224): 676-679.

[134] 裴琳,严中伟,杨辉. 400 多年来中国东部旱涝型变化与太平洋年代际振荡关系. 科学通报,2015, 60(1): 97-108.

[135] Mantua N J, Hare S R. The Pacific Decadal Oscillation. Journal of Oceanography,2002,58(1): 35-44.

[136] 任永建,宋连春,肖莺. 1880-2010 年中国东部夏季降水年代际变化特征. 大气科学学报,2016, 39(4): 445-454.

[137] 朱益民,杨修群. 太平洋年代际振荡与中国气候变率的联系. 测绘科学,2003,61(6): 641-654.

[138] 刘卫林,朱圣男,刘丽娜,等. 基于 SPEI 的 1958 ~ 2018 年鄱阳湖流域干旱时空特征及其与 ENSO 的关系. 中国农村水利水电,2020,(4):116-123,128.

[139] Liu W, Liu L. Analysis of dry/wet variations in the poyang lake basin using standardized precipitation

evapotranspiration index based on two potential evapotranspiration algorithms. Water,2019,11(7):1380.

[140] Liu W,Zhu S,Huang Y,et al. Spatiotemporal variations of drought and their teleconnections with large-scale climate indices over the Poyang Lake Basin,China. Sustainability,2020,12(9):3526.

[141] 葛杰. 陕西省气象干旱时空变化特征与成因分析. 咸阳：西北农林科技大学,2019.

[142] 苏宏新,李广起. 基于 SPEI 的北京低频干旱与气候指数关系. 生态学报,2012,32(17):5467-5475.

[143] 李晓燕,翟盘茂,任福民. 气候标准值改变对 ENSO 事件划分的影响. 热带气象学报,2005,21(1):72-78.

[144] 孟万忠,王尚义,赵景波. ENSO 事件与山西气候的关系. 中国沙漠,2013,33(1):258-264.

[145] Shao J,Wang J,Lv S,et al. Spatial and temporal variability of seasonal precipitation in Poyang Lake Basin and possible links with climate indices. Hydrology Research,2016,47:51-68.

[146] 石广玉,王喜红,张立盛,等. 人类活动对气候影响的研究,Ⅱ. 对东亚和中国气候变化的影响. 气候与环境研究,2002,7(2):255-266.